SÉRICICULTURE

ÉDUCATIONS EXPÉRIMENTALES

FAITES EN 1870 ET 1871

D'APRÈS LE PROCÉDÉ PASTEUR

PAR P. SIRAND

Pharmacien à Grenoble.

GRENOBLE
IMPRIMERIE DE PRUDHOMME
Rue Lafayette, 14

1872

SÉRICICULTURE

SÉRICICULTURE

ÉDUCATIONS EXPÉRIMENTALES

FAITES EN 1870 ET 1871

D'APRÈS LE PROCÉDÉ PASTEUR

PAR P. SIRAND

Pharmacien à Grenoble.

GRENOBLE
IMPRIMERIE DE PRUDHOMME
Rue Lafayette, 14

1872.

66-1-72. — Grenoble, impr. de PRUDHOMME. — B. (1000)

SÉRICICULTURE

PREMIÈRE PARTIE

ÉDUCATIONS EXPÉRIMENTALES

FAITES EN 1870

D'APRÈS LE PROCÉDÉ PASTEUR.

§ I.

Résultats obtenus avec divers lots de graine cellulaire.

Dans mes précédentes publications, il a été trop souvent question des maladies des vers à soie, pour que les observations que je rapporte ici aient besoin d'être éclairées de nouveau par des notions préliminaires [1]. Personne n'a oublié que le fléau qui frappe les vers à soie, comprend les trois termes suivants :

1° La Pébrine, due à l'hérédité ;

2° La Flacherie, due à un affaiblissement héréditaire ;

3° La Flacherie, due à des causes accidentelles.

Le but qu'on poursuit en choisissant la chambrée et les papillons producteurs, est d'arriver à mettre la graine à l'abri des deux premiers cas ; quant au troisième, il est subordonné à un certain nombre de circonstances diverses. Dans l'exposé qui va suivre, je chercherai à montrer quelle

(1) Voir le *Sud-Est*, numéro de juillet 1868 et numéro d'août 1869.

valeur j'attribuais exactement aux graines dont il sera question ; et si les résultats n'ont pas toujours répondu à ce que j'attendais, j'espère que l'enseignement n'en sera pas moins utile.

En 1869, on a élevé à Voreppe, chez Mlle Mondon, trois graines différentes qui ont toutes donné de très-beaux rendements; ils sont inscrits dans le *Sud-Est* du mois d'août de la même année, pag. 345 et 346. Ces trois lots y sont désignés sous les n°s 8, 19 et 41. J'ai pris une petite quantité des trois sortes de cocons et, après avoir étudié les chrysalides et les papillons, j'ai fait un grainage cellulaire. Ce travail a été exécuté de la manière suivante : les cocons sont placés dans une claie où ils n'occupent qu'une seule épaisseur; chaque matin, on enlève les papillons sortis, pour les poser d'abord sur un plan où ils s'accouplent après s'être vidés; puis on prend deux papillons accouplés qu'on place dans une boîte horizontale divisée en un grand nombre de cellules ayant chacune pour dimensions : longueur, 0[m],06; largeur, 0[m],06; hauteur, 0[m],04; on place tous les couples dans autant de cellules différentes. On recouvre le casier d'une toile métallique; puis, entre 4 et 7 heures du soir, on saisit les deux papillons d'une cellule pour les désaccoupler : la femelle est alors posée sur une toile verticale de la grandeur de la main; le mâle est enfermé dans un cornet de papier fixé par une épingle à l'autre face de la toile. Pour chaque femelle, il y a un carré de toile numéroté, et le cornet de papier qui y est fixé porte le même numéro. Quand les femelles sont restées 48 heures sur les toiles, on les enlève une à une et on les place dans les cornets correspondants. De cette façon, on peut ensuite à loisir étudier au microscope le contenu de chaque cornet en broyant ensemble les deux papillons. S'il y a des corpuscules, la toile qui correspond à ce numéro porte une graine qu'on rejette, tandis qu'on conserve la graine fournie par les papillons non corpusculeux. Ce procédé de sélection donne une graine pure au point de vue de la pébrine, mais rien de plus. Cette graine cellulaire a besoin, pour réussir, de réunir la condition d'être exempte de flacherie : il était indispensable d'étudier ce second point à l'égard du grainage dont je parle. Je me suis enquis, à cet effet, de l'aspect des vers à la montée, et j'ai porté pour les trois lots un jugement favorable, basé sur l'absence de morts-flats ; il est bien entendu qu'en pareil cas, absence de morts-flats signifie qu'il n'y en a pas eu en quantité sensible ; mais l'absence absolue ne se rencontre que fort rarement. S'il y a 1 p. 100 de morts-flats ou moins, il est évident qu'on peut considérer cette quantité comme nulle. Toujours au point de vue de la flacherie, j'avais aussi examiné la matière contenue dans l'estomac des chrysalides ; pour chaque lot, j'ai essayé vingt cocons ; je n'ai rencontré dans aucun *le ferment en chapelets de grains*. Tout en mentionnant ce dernier examen, je pense que ce genre de recherches n'est pas à la portée des personnes qui n'ont pas une grande habitude du microscope : c'est une observation difficile et minutieuse ; heureusement, on peut parfaitement s'en dispenser, et se borner, pour la flacherie, à l'aspect de l'éducation. Pour la pébrine, au contraire, la recherche microscopique des corpuscules sur les papillons peut très-facilement être mise à la portée de tous les propriétaires.

En résumé, en remettant les graines de mes trois lots aux personnes qui en ont fait l'éducation, j'ai dit que, d'après mes essais, ces graines ne devaient en aucun cas être détruites par la pébrine ; qu'en second lieu, elles ne devaient pas périr de flacherie héréditaire ; mais que des accidents de flacherie pouvaient, au contraire, amener des échecs : à ce propos, je devais regarder un échec par la flacherie comme étant dû à un accident, si la même graine donnait ailleurs des succès marqués. Cela bien établi, voici maintenant les résultats :

Produits des Educations de graines cellulaires.

	NOMS DES ÉDUCATEURS.	Poids de la graine.	RÉSULTATS et OBSERVATIONS.
	LOT NUMÉRO 8.		
A	M. Volmat à Voreppe.	15 gr.	31 k. 500 de cocons.
B	M. Pasteur (éducation faite en Italie).	30	54 (Ce résultat est extrait des comptes-rendus de l'Académie des Sciences, n° du 18 juillet 1870.)
C	La Commission des soies de Lyon.	2	Echec par la flacherie. — Voir à ce sujet le *Moniteur des Soies*, du 29 octobre 1870.
	LOT NUMÉRO 19.		
D	M. Aujay à Voiron.	3	5 k. 500
E	M. Buissard (éducation à Sassenage).	3	5 600
F	M. Brosse Auguste à Grenoble.	3	6 400
G	M. Jasserand à Voreppe.	2	2 Ces vers ont vécu côte-à-côte avec d'autres vers atteints de flacherie, provenant de 30 gr. de graine d'origine différente.
H	M. Charvet (éducation au Fontanil).	3	5 k. 850
I	Mme Potié à Grenoble.	3	5 400
J	M. Perrin Henri à Apprieu.	2	3 700
K	M. Royer Félix à Voreppe.	20	21 } Les vers de ces deux éducations ont vécu côte-à-côte avec d'autres vers atteints de flacherie, provenant d'une graine d'origine différente.
L	M. Sirand Pierre à Voreppe.	10	11 }
M	M. Volmat à Voreppe.	20	27 500
	LOT NUMÉRO 41.		
N	M. Cottel Jean à Voreppe.	5	Echec par la flacherie.
O	M. Cottel Louis à Voreppe.	14	La graine a été brûlée à l'éclosion.
P	M. Royer Félix à Voreppe.	15	11 k. Beaucoup de morts-flats à la bruyère.
Q	M. Sirand Félix à Voreppe.	25	Echec par la flacherie.
R	M. Sirand Pierre à Voreppe.	10	Echec par la flacherie.
S	M. Volmat à Voreppe.	5	Echec par la flacherie.

Les éducations de chacun de ces trois lots ont donné lieu à des observations que je vais faire connaître successivement.

Lot numéro 8. — Education C. — Dans la magnanerie expérimentale de la Commission des soies, cette graine a péri de flacherie ; cet échec est un accident et ne provient pas de la graine, témoin les rendements parfaits des éducations A et B. J'ajouterai encore à l'appui qu'à Voreppe plusieurs éducateurs ont mené à bonne fin des élevages de graine n° 8, faite en bloc ; les rendements obtenus ont été très-satisfaisants. M. Paul Eymard, rapporteur de la Commission des soies, indique lui-même dans son travail qu'une influence générale régnait dans la magnanerie de St-Alban, et qu'ainsi il a pu se faire que des graines bonnes aient été entraînées à une perte complète par le fait de la présence de graines malades élevées dans le même local.

Dans cette magnanerie, en effet, les lots de graines de pays, au nombre de quinze, ont tous péri indistinctement, et cependant parmi ces graines il y en avait assurément de bonnes. Il faut reconnaître avec M. Paul Eymard, qui met tous ses soins à rechercher la vérité la plus rigoureuse, que les résultats obtenus dans ces conditions ne peuvent conduire à aucune conclusion.

Il est intéressant de noter qu'une graine saine fournit d'habitude un résultat moins bon ou même nul, lorsqu'elle est élevée à côté d'une autre graine atteinte de flacherie.

Lot numéro 19. — Les dix éducations composant ce lot ont donné un rendement fort satisfaisant. On peut remarquer que là où le résultat a été moins parfait, on avait placé dans le même local d'autres vers qui étaient malades : il en a été ainsi pour les éducations G, K, L.

L'élevage F a eu lieu dans les conditions suivantes : j'ai mis à l'éclosion 3 gr. de cette graine, d'une part, et, d'autre part, une pincée de graine n° 41. Je destinais cette dernière à un essai que je voulais mener jusqu'au bout. La graine n° 41 a éclos la première ; puis, quand la graine n° 19 éclosait à son tour, j'y ai mêlé quelques centaines de petits vers provenant des dernières levées du n° 41 ; à ce moment, je croyais cette dernière graine saine, et je jugeais qu'il n'y avait aucun inconvénient à agir ainsi. Après la première mue, les vers n° 19 ont été transportés chez M. Brosse, qui a poursuivi cet élevage, tandis que j'ai fait, de mon côté, l'éducation des vers n° 41, dont le sort n'a pas été plus heureux que chez les autres éleveurs du même lot. Eh bien, dans cette éducation F, il y a eu, après la quatrième mue, environ 200 morts-flats. Nul doute que les vers qui ont péri provenaient du n° 41.

Lot numéro 41. — En jetant les yeux sur le tableau des rendements, on ne peut hésiter à reconnaître qu'une cause fatale s'attache à toutes les éducations de cette graine ; partout elle périt de flacherie : ici le mal vient donc de la semence. Néanmoins, l'éducation P a échappé en partie à la destruction qui paraissait l'attendre. Les faits du même genre ne sont pas rares, et M. Pasteur en a cité de nombreux exemples dans son ouvrage [1]. Assigner, à propos de l'élevage P, les conditions qui ont amoindri l'insuccès, tel serait sans doute un but bien désirable et plein d'intérêt, mais la chose est certainement complexe. Voici néanmoins quelques observations sur ce point. Dans les éducations qui ont été complétement anéanties par la flacherie, la mortalité commençait dès le milieu du quatrième âge et marchait rapidement. Or, cela avait lieu du 20 au 30 mai, période marquée par des journées chaudes et orageuses. Ces conditions atmosphériques sont toujours défavorables, et les graines malades ne périssent que mieux sous une telle influence. Il est arrivé précisément que les vers de l'élevage P traversaient ces mauvais jours à un âge moins avancé, la graine ayant été mise tardivement à l'incubation. Quand les vers de cette dernière chambrée atteignaient ensuite la quatrième mue, la température avait baissé notablement, c'était au commencement de juin.

---

[1] *Etudes sur la maladie des vers à soie*, par M. Pasteur. Deux volumes in-8° ornés de planches, chez X. Drevet, libraire, successeur de Prudhomme, rue Lafayette, à Grenoble.

D'autre part, la feuille dont on a nourri ces mêmes vers était, en apparence du moins, de très-bonne qualité ; elle provenait de vieux mûriers bien exposés et qui n'avaient pas été cueillis depuis deux ans. Est-ce bien là réellement ce qui a apporté une différence dans le résultat? Si on ne peut l'affirmer, il y a lieu du moins de noter ces idées.

Un fait du même genre s'est passé à propos d'une graine industrielle qui, sauf de rares exceptions, a péri partout de la flacherie constitutionnelle. Un propriétaire des environs de Grenoble achète dans le commerce une once d'une graine de pays et divise le contenu de la boîte en deux parts égales, dont l'une est élevée par lui-même et fournit un rendement parfait ; l'autre est élevée par une personne du voisinage, et subit le sort commun, l'échec par la flacherie. Il serait intéressant de chercher à saisir les causes qui, dans ce cas encore, ont amélioré la santé des vers dans la chambrée réussie. Il serait donc très-utile d'entreprendre sur ce sujet une étude approfondie.

Encore une remarque à propos de l'éducation Q n° 41. Les vers étaient au troisième âge et n'avaient encore présenté aucune mortalité ; néanmoins, la personne qui conduisait la chambrée dit à ce moment qu'elle était persuadée que les vers périraient de flacherie, basant son appréciation, 1° sur le défaut d'appétit et le manque de fermeté des vers ; 2° sur ce que les vers, au lieu de se tenir réunis sur les feuilles, cherchaient à courir vers le bord des claies. On sait, d'ailleurs, que les vers s'éloignent de la feuille et viennent sur le bord des claies au moment où la flacherie les fait périr. Si l'on rapproche ces faits du même ordre, on sera peut-être tenté de ne pas rejeter l'observation signalée et d'en faire encore un sujet de recherches.

Maintenant que j'ai fait connaître le résultat des graines que je regardais comme saines, tant sous le rapport de la pébrine que sous celui de la flacherie, il faut établir les points qui n'ont pas été d'accord avec mon appréciation anticipée. Au point de vue de la pébrine, aucune éducation de ces trois lots n'a été détruite par cette maladie ; ce fait, acquis déjà et confirmé du reste par toutes les personnes qui ont expérimenté avec soin, s'est donc vérifié encore complètement. Au point de vue de la flacherie héréditaire, les lots nos 8 et 19 en ont été parfaitement exempts. Quant au no 11, il est incontestable que, contrairement à mon opinion, il était entaché de flacherie constitutionnelle. Ici, mon jugement était donc erroné. Je ferai connaître plus loin pourquoi ce lot était défectueux.

Relativement à la sélection cellulaire que j'ai faite sur les nos 8 et 19, j'avais, d'une part, la graine provenant de papillons non corpusculeux, c'est celle dont j'ai fait connaître les résultats ; et d'autre part, la graine provenant des couples dont l'un des papillons ou dont les deux papillons montraient des corpuscules. Il était intéressant de voir jusqu'à quel point les œufs de cette dernière catégorie seraient corpusculeux, et quel résultat ils donneraient à l'éducation. Je n'ai pas à parler de la graine corpusculeuse du no 11, puisque celle-ci était en même temps atteinte de flacherie. J'ai donc examiné à l'éclosion quelques séries d'œufs de chacun de ces deux lots.

Examen de la graine n° 8 pondue par les couples corpusculeux.

Huit graines étaient broyées ensemble avec une goutte d'eau et faisaient l'objet d'une observation, puis je passais successivement sous le microscope d'autres séries semblables ; il en est résulté que :

7 groupes n'ont point montré de corpuscules; et
3 groupes ont montré des corpuscules.

Examen de la graine n° 19 pondue par les couples corpusculeux.

5 essais faits chacun avec six graines broyées ensemble, n'ont pas montré de corpuscules.

5 essais faits chacun avec six graines broyées ensemble, ont montré des corpuscules.

On a élevé, à Voreppe, chez Mlle Julie Gerente, 15 gr. de cette graine n° 8, corpusculeuse en partie : le produit a été de 9 kil. de cocons. D'autre part, chez Mme Rolland, 30 gr. de graine n° 19, corpusculeuse en partie, ont donné 22 kil. de cocons. Dans ces deux éducations, on a obtenu la moitié ou le quart du produit que fournit une graine dont le succès est complet, et il est évident que bon nombre de vers auront péri de la pébrine. Si l'on compare ces chiffres avec ceux obtenus avec les mêmes graines non corpusculeuses, on verra combien la différence est grande !

§ II.

Quelques éducations de laboratoire.

J'ai voulu voir de près la marche de quelques-unes des graines que j'avais examinées. Voici le résultat de mes propres élevages :

T. — *Elevage avec la graine cellulaire privée de corpuscules, n° 41.* — C'est celle dont j'ai rendu compte dans le tableau précédent, graine que je croyais pure et qui était entachée de flacherie ; aussi l'éducation a-t-elle péri, ainsi que je vais le dire. Nombre de vers, à la première mue, environ 800. Jusqu'à la deuxième mue, je n'ai rien noté de particulier ; mais dans la litière du second sommeil, j'ai trouvé 5 morts-flats. Quelques jours plus tard, le 17 mai, 2 morts-flats dans la litière ; le jour suivant, un mort-flat. Le 22 mai, journée orageuse, 18 morts-flats ; c'était un peu avant la quatrième mue. Le 23 mai, 44 morts-flats. Le 24 mai, 55 morts-flats. Les jours suivants, la mortalité continue avec une intensité plus grande encore. Pendant le quatrième et le cinquième âge, où tout a péri successivement, les vers deviennent inégaux ; les malades ne prennent pas de nourriture et restent petits, ils s'éloignent de la feuille et viennent sur le bord des claies. Quand on les regarde attentivement, il semble parfois qu'on a affaire à des êtres empoisonnés : les uns se dressent sur les pétioles des feuilles ; on remarque chez d'autres un certain mouvement de contraction vers le cou ou un certain mouvement de la tête. La grande frèze n'existe pas, la feuille froissée reste sous les vers. On est frappé de leur état de langueur et de la lenteur des mouvements : ils ne peuvent se traîner, ils ne peuvent monter, ils sont immobiles sur la bruyère. Un certain nombre ont une couleur rosée vers les pattes ; les déjections sont souvent humides ou semi-liquides ; à la montée, ils m'ont paru ne pas se vider ou se vider très-peu, à en juger surtout par l'absence de taches aux papiers. Enfin, tout en enlevant les morts au fur et à mesure, j'ai obtenu seulement 47 cocons ; on peut juger par-là de la gravité du mal. Une partie des vers ont mangé, après la quatrième mue, de la feuille arrosée avec de l'eau phéniquée à 1/100 ; une surexcitation apparente résultait de cette médication, mais ils mouraient au même degré que ceux qui étaient nourris à la feuille ordinaire. Au microscope, la matière alimentaire des vers mourants a montré habituellement les organismes dont parle M. Pasteur, ce sont principalement des vibrions.

Quand j'ai vu ma petite éducation ainsi frappée par la flacherie, quand j'ai vu aussi toute la même graine périr de flacherie, il n'y avait pas lieu de douter un instant de la mauvaise qualité de la graine, et le seul enseignement à tirer de ces faits consistait à rechercher pourquoi la graine était mauvaise. J'ai eu recours alors à la personne qui avait dirigé, l'année précédente, l'éducation des trois lots dont j'ai parlé, et j'ai pu acquérir la certitude que, bien que ce lot n° 41 n'eût pas présenté de morts-flats en quantité sensible, les vers ont cependant été *lourds;* ils ont été *moins vigoureux* que ceux des n°s 8 et 19. J'avoue qu'à ce moment, je n'ai pas accordé une attention suffisante à la condition d'agilité et de vigueur des vers. J'avais élevé également, en 1869, une pincée de graine n° 41, je n'ai eu, comme terme de comparaison, que le n° 18 qui était atteint de flacherie ; il n'en est pas moins vrai que j'avais fait la remarque que les vers n° 41 étaient moins vigoureux que les vers n° 18 ; cela a été ainsi jusqu'à la quatrième mue ; enfin, à la bruyère, les vers n° 41 furent très-lents, peu agiles, et la montée eut une durée fort longue. Tous ces détails sont rigoureusement exacts, et si je les rapporte, c'est pour montrer qu'il ne faut jamais négliger de constater l'état de vigueur et d'agigilité des vers, principalement de la quatrième mue à la montée. Une personne me disait que les vers de son éducation avaient monté à la bruyère avec un entrain qui simulait l'assaut d'une ville ennemie. Cette expression fera saisir une fois de plus ce qu'il faut bien observer à cette période.

J'ai dit en commençant que, dans le but de constater l'absence de la flacherie héréditaire, j'avais examiné 20 chrysalides n° 41, et que je n'avais pas rencontré le ferment en chapelets de grains. L'aspect de l'éducation étant bien préférable à ce dernier moyen pour juger la flacherie, je ne parlerai de cet examen microscopique que pour compléter cet exposé. La recherche de ce ferment est, en effet, une opération pénible et délicate ; aussi se borne-t-on à soumettre 20 chrysalides à cette investigation ; par conséquent, on peut concevoir que l'examen d'un aussi petit nombre ne soit pas toujours suffisant. Ainsi, dans une chambrée décimée par la flacherie, on constatera que certaines chrysalides renferment ce ferment, mais celui-ci n'existe pas dans toutes, et peut même n'être rencontré que dans un petit nombre d'entre elles. Il n'en est pas moins vrai que, pour des personnes très-exercées, la recherche de ce ferment particulier sera d'une indication utile. A ce sujet, voici quelques exemples pris parmi des examens que j'ai faits au mois de juin 1870.

1° *Education S, n° 41*, détruite par la flacherie : sur 12 chrysalides, 6 n'ont pas de chapelets de grains et 6 en montrent.

2° *Education Q, n° 41*, détruite par la flacherie : sur 10 chrysalides, 4 n'offrent pas de chapelets de grains et 6 en montrent.

3° *Education P, n° 41*, ayant souffert de la flacherie : sur dix examens faits chacun avec deux chrysalides, six fois il y a eu absence de ferment et quatre fois j'ai rencontré quelques rares chapelets.

4° Quatre cocons provenant d'une chambrée industrielle dont le rendement m'est inconnu : toutes les chrysalides montrent des chapelets de grains.

5° Vingt cocons provenant de deux graines qui ont péri de flacherie, n°s 18 et 41, et élevées par moi-même en éducations d'essais : dans aucune des chrysalides je n'ai rencontré de chapelets de grains ; deux ou trois fois, j'ai cru voir quelques rares vibrions dont les mouvements étaient à peu près nuls.

Il n'y a pas lieu d'insister plus longuement sur la présence de ce ferment en chapelets de grains ; cet examen ne doit pas entrer, du reste, dans la pratique ordinaire des éducateurs. Qu'on s'applique à bien constater la force vitale des vers ; qu'on fasse soi-même de petites éducations spéciales pour le grainage, et on arrivera, par un coup d'œil exercé, à juger s'il y a lieu de redouter la flacherie causée par un affaiblissement constitutionnel.

U. — *Elevage fait avec la graine provenant de l'éducation Q, n° 18.* — En 1869, le petit élevage d'essai désigné sous la lettre Q, m'avait présenté 22 % de morts-flats après la quatrième mue : il était donc intéressant de voir si la graine de cette provenance périrait de la flacherie. Comme il n'y a eu aucune sélection des papillons, il s'en trouvait quelques-uns de corpusculeux ; il ne sera donc pas étonnant de rencontrer quelques vers pébrinés dans le résultat que je vais retracer. Nombre de vers, à la première mue, environ 800 ; nombre de cocons obtenus : 187, dont 100 sont des cocons très-faibles ; il a péri plus de 600 vers, presque tous par la flacherie, quelques-uns par la pébrine. Jusqu'à la quatrième mue, les vers n'ont rien présenté de bien particulier, il y a eu à peine quelques morts-flats ; ce n'est qu'au milieu du cinquième âge que la mortalité a sévi. Comme d'habitude, je remarque l'inappétence et l'inégalité des vers ; ils viennent sur le bord des claies et, chaque jour, c'est un nombre considérable de morts à enlever. Mais j'ai dit qu'il y avait dans la graine quelques œufs corpusculeux : aussi est-il facile de juger simplement à l'œil quels sont les vers qui périssent par la pébrine ; ces derniers ont presque toujours, à cet âge, des taches noires particulières disséminées sur la peau ; certains vers restent petits et roux, ils ont un aspect flétri et meurent dans cet état : ils sont encore atteints de pébrine, et si on en veut la preuve, il suffit de les examiner au microscope, on y verra des myriades de corpuscules. Quelques rares vers m'ont présenté à la fois les caractères de la pébrine et de la flacherie : c'est ainsi qu'ils avaient, d'une part, les taches noires de la pébrine, et que, d'autre part, ils avaient l'apparence du ver flat et montraient une teinte rose vers les pattes ; enfin, comme complément, la matière alimentaire du tube digestif renfermait des corpuscules et des vibrions vivants.

V. — *Elevage fait avec de la graine provenant de l'éducation T, n° 18.* — Je pris, l'année dernière, 40 cocons dans l'éducation industrielle T du lot n° 18, éducation qui avait péri de la flacherie : ces cocons furent pris à la partie inférieure des cages ; il était évident que, dans cette condition, je devais rencontrer des reproducteurs bien mauvais. Sur ces 40 cocons, 7 n'ont pas été percés, et quand je les ai ouverts, ils ont tous présenté des chrysalides pourries et noires. Les papillons furent examinés après la ponte, ils étaient tous corpusculeux ; la graine pondue, examinée à son tour au mois d'avril, était très-corpusculeuse : chaque groupe de 3 ou 4 graines montrait des corpuscules nombreux. Voici maintenant comment s'est comportée cette graine, qui possédait à la fois les deux maladies. A la première mue, le nombre des vers était de 275. Dès le premier âge, les vers sont très-inégaux, mais il n'y a pas de mortalité ; j'examine les crottins, ils renferment des corpuscules. Au deuxième âge, l'inégalité est encore plus accentuée, l'aspect est mauvais, l'appétit est faible. Dans la litière de la deuxième mue, 11 vers morts, petits ; j'examine 6 de ces vers un à un, 5 sont corpusculeux et un est privé de corpuscules. A la levée de la quatrième mue, 70 vers morts dans la litière : la plupart sont des vers petits qui ont succombé aux atteintes de la pébrine ; d'autres, au contraire, sont des morts-flats. Après la quatrième mue, l'appétit est nul, et à ce moment, la taille des vers est tellement variable, que certains ont la grosseur de vers à la deuxième mue ; les taches noires caractérisant la pébrine existent sur la majorité des vers ; il y a des morts-flats mais en nombre restreint. Tous les vers sont d'une grande lenteur, et quand ils meurent, ils rejettent souvent un liquide, soit par l'anus, soit par la bouche ; aussi, quand on prend un de ces vers, il est humide, et le papier est taché : en examinant un tel liquide au microscope, on y rencontre des corpuscules. C'est dans le cinquième âge que la mortalité a le plus sévi, puisque 194 vers ont péri à cette période, et, je le répète, la plupart ont péri de la pébrine. Aucun ver n'a pu faire son cocon.

J'avais prié M. Charvet d'élever, à titre d'expérience, un demi-gramme de cette même graine malade. C'est ce qu'il a bien voulu faire à sa propriété du Fontanil, et les vers ont encore complétement péri.

§ III.

Taches sur les vers et les papillons. — Cocons fondus.

Celui qui voudra se livrer à la sériciculture avec fruit devra, non-seulement rechercher les corpuscules au microscope, mais il devra observer aussi tous les signes extérieurs qui, pour un œil exercé, forment des caractères précieux. C'est ainsi qu'il est important de reconnaître sur un ver les taches de la pébrine, ayant la forme d'un pointillé noir ; de reconnaître sur les papillons la teinte noire que portent sur les flancs et sur l'abdomen certains sujets corpusculeux ; de distinguer l'apparence extérieure qui est propre aux vers flats, de connaître également l'aspect noir des chrysalides atteintes de flacherie, etc. Toutes ces particularités indispensables sont soigneusement établies dans le travail de M. Pasteur. Je vais m'arrêter à certaines fausses taches qui existent habituellement sur les papillons d'une provenance quelconque. Si l'on regarde, dans un lot exempt de pébrine, les papillons qui sont fixés à la toile au moment du grainage, on remarque que beaucoup possèdent sur les ailes des taches noires, irrégulières et limitées ; elles ressemblent assez à des points brûlés. Quelle est la nature de ces taches ? Leur origine est fort simple. Qu'on examine les papillons isolés dès leur *sortie*, on les verra tous, sans exception, arriver à la lumière sans avoir jamais sur les ailes aucune de ces taches ; mais en les réunissant dans une corbeille, ils ne tardent pas à se vider, et le liquide rougeâtre qu'ils rejettent, retombe fort souvent en gouttelettes sur les ailes des papillons voisins. Ces gouttelettes, d'abord rougeâtres, deviennent bientôt à l'air brunes et noires, et forment enfin, en moins d'une heure, des taches irrégulières semées çà et là. Je n'ai pas besoin de dire qu'il ne faut pas tenir compte de la présence ou de l'absence de ces fausses taches qui, comme je viens de le faire voir, n'ont aucune relation avec la maladie. Mais, lorsqu'il existe sur les flancs et sur l'abdomen un duvet noir, il faut toujours rejeter un tel papillon, car il est corpusculeux : ici la coloration est due à la maladie, et le papillon montre cette teinte sinistre *dès sa sortie du cocon.*

Parmi les caractères qui indiquent la flacherie, l'un est basé sur la présence d'un certain nombre de cocons *fondus*. Cette observation ne doit pas être négligée, et doit concourir à établir l'état de santé de l'éducation. On doit encore observer, dans le même but, la vigueur des papillons, la manière dont ils pondent la graine, etc. Je citerai quelques exemples pour mieux préciser :

1° *L'éducation I, n° 19* (du tableau ci-devant), s'est très-bien comportée et paraissait saine au point de vue de la flacherie ; or, sur 250 cocons, il y a seulement 2 fondus.

2° Les éducations suivantes, ayant toutes été plus ou moins complétement détruites par la flacherie, ont montré ce qui suit :

Education P, n° 41 (du même tableau). Sur 200 cocons, 17 n'ont pas été percés : 3 renferment des papillons morts, et 14 renferment des chrysalides ou des vers à l'état de fondus. Au grainage, les papillons mettent, avant de sortir, un nombre de jours fort long : beaucoup ne pondent pas ou pondent peu.

Education Q, n° 41. — Sur 24 cocons, 9 n'ont pas été percés ; en les ouvrant, on trouve un papillon et 8 fondus. Les papillons sortis ne pondent presque pas, ils sont sans vigueur, ils meurent rapidement ; le duvet manque en certaines places, les liqueurs rejetées sont très-colorées.

Education S, n° 41. — Sur 36 cocons, 6 n'ont pas été percés et renferment des chrysalides noires.

Education de laboratoire T, n° 41. — Sur 18 cocons, 2 fondus.

Education de laboratoire U, n° 18. — Sur 25 cocons, 4 fondus.

Education à cocons blancs dits moricauds. — On m'a remis 21 cocons provenant d'une chambrée dont j'ignorais l'issue. Une odeur de putréfaction s'exhale de ces cocons qui, du reste, montrent 8 fondus. Les papillons mettent longtemps avant de sortir, ils ont un mauvais aspect, on dirait que le duvet a été ratissé, plusieurs meurent rapidement. La ponte est tellement faible qu'on peut dire qu'elle est nulle.

§ IV.

De la production des graines au moyen de la sélection pratiquée sur de petits élevages spéciaux.

Bien des sériciculteurs se sont efforcés de montrer qu'il faut, autant que possible, revenir au grainage domestique, et qu'il faut, en dehors des éducations industrielles, faire de petites éducations spéciales, destinées à la reproduction. Cette mesure, qui fait honneur à tous ceux qui l'ont soutenue, est non-seulement utile, elle est même indispensable. Mais, pour que le résultat cherché soit atteint, il faut opérer avec une graine saine. Tout propriétaire devrait, à cet effet, élever un, deux, ou trois lots différents, formés chacun de 2 à 5 gr. de graine cellulaire exempte de flacherie et de pébrine. Je vais tâcher de résumer les soins particuliers dont il faut entourer chacun de ces lots. Dès l'éclosion, on donne aux vers un grand espace, et pendant tout le temps que durera l'élevage, ils continueront à occuper une grande surface. Chaque jour, on enlève scrupuleusement les vers défectueux, peu vigoureux ou malades; les vers pébrinés, s'il y en a, sont écartés avec soin, etc. — Si on ne veut perdre le produit des vers jugés douteux pour la reproduction, on peut les mettre dans un autre local et les y faire coconner. Les délitements seront pratiqués avec fréquence. On aura dans la pièce un air pur et renouvelé ; la température sera modérée ; il faut un peu de feu dans le but de ventiler, dans le but d'entraîner l'air chargé de vapeur d'eau ; mais une température exagérée hâte la vie des vers, leur crée une existence factice, les oblige à digérer en un temps relativement court la même quantité de nourriture qui serait absorbée pendant une éducation d'une durée plus longue : pour ce motif, on peut croire qu'une température exagérée débilite les vers. A partir de la deuxième mue, la nourriture se compose de petits rameaux et non pas de feuilles détachées, cela permet aux vers d'être plus isolés les uns des autres, d'avoir une feuille moins salie par les déjections, etc. Je suppose que la quatrième mue a été traversée ; on a observé jusque-là, jour par jour, l'appétit, l'allure, la mortalité. A ce moment et jusqu'à la bruyère, il faut observer plus minutieusement encore ces mêmes choses, et mettre au rebut tout ce qui a la moindre apparence de maladie, tout ce qui n'est pas vigoureux. Enfin, la petite chambrée marche pour le mieux, il y a absence à peu près complète de morts-flats, les vers ont un grand appétit, leur allure est vigoureuse et dénote une certaine force vitale; les vers montent avec ensemble, avec prestesse, et filent leur soie avec agilité. Tel est bien l'aspect de vers exempts de flacherie et propres à un grainage. Mais j'ai dit qu'on conduisait de la même manière un second lot et un troisième au besoin, provenant d'autant de graines différentes ; cette précaution est utile, elle permet de se reporter sur le meilleur lot dans le cas où ils ne réussiraient pas tous; en admettant même que tous donnent un produit complet, ils peuvent ne pas être toujours exempts de flacherie : cette mesure est donc très-prudente. On livre ensuite au grainage les produits jugés bons au point de vue de la flacherie. Voici alors ce qu'il convient de faire pour chacun de ces lots séparément : on fait un grainage cellulaire avec 15 ou 20 couples ; à cet effet, on peut mettre chaque couple dans un petit sac de toile claire ou dans un cornet de papier percé de trous pour l'accès de l'air. Tout le reste du lot est livré au grainage non cellulaire, au grainage ordinaire. On produit donc, d'une part, quelques grammes de graine cellulaire pour élevage spécial en vue de reproduction, et, d'autre part, 10, 15, 20 onces de graine en bloc, propre aux éducations industrielles; c'est deux fois ou trois fois ces quantités, quand on possède deux ou trois lots jugés sains. Les papillons du grainage cellulaire sont ensuite soumis, à loisir, au microscope; on a pour cela neuf mois de latitude; cet examen suffit en même temps pour faire connaître quelle est la proportion de papillons corpusculeux pour la même graine faite en bloc. Il est vrai que si le nombre des papillons corpusculeux était considérable, cette dernière graine pourrait être perdue ; à cela, il est facile de remédier, si l'on veut prendre la peine de devancer le papillonnage pour quelques centaines de cocons, et procéder ainsi à l'examen microscopique avant le grainage.

Voilà, je suppose, une localité où cinquante propriétaires ont fait avec soin les petits élevages dont il a été question : il y a, par exemple, dans chaque maison deux lots en moyenne ayant donné des produits sains, soit 10 kil. de cocons pour chaque propriétaire, soit un total de 500 kil. qui produiront alors plus de 1000 onces de bonne graine. Relativement à l'examen des *corpuscules sur les papillons*, il suffira de former quelques-uns des éducateurs à ce travail pour rendre possible l'examen de tous les papillons des graineurs en question. J'ajoute que la chose est possible et faisable. Il est vivement à désirer que les personnes les plus aptes qui habitent une localité séricicole remplissent le rôle précieux d'éleveurs de graine cellulaire en vue de reproduction. Il est à désirer aussi que le maître d'une propriété fasse lui-même ce travail, pour alimenter avec une certaine assurance les magnaneries de ses fermiers. Certainement il faut plus d'une année pour arriver à un tel résultat, il y a à faire naturellement un travail préparatoire pour une première campagne, et c'est une raison pour entrer dans cette voie dès à présent.

Puisqu'il s'agit de combattre deux maladies distinctes, la pébrine et la flacherie, on peut se demander quelle est la plus redoutable, quelle est la plus fréquente ? On ne peut hésiter à dire que la flacherie est un mal plus terrible, plus dévastateur que la pébrine. Elevez des graines disposées à la flacherie, il arrivera le plus souvent que tous les vers seront détruits jusqu'au dernier, en quelque sorte, et que la récolte sera réellement nulle. Elevez, au contraire, des graines malades de la pébrine, ici le degré de la maladie est exprimé par le nombre d'œufs corpusculeux sur 100; c'est ainsi qu'il y a 10, 20, 30, 50, 60 % d'œufs malades. Il existe donc toujours dans de telles graines un nombre variable d'œufs sains ; il n'est pas étonnant dès lors que ces graines puissent donner un produit quelconque. Dans ces cas, il y a ordinairement d'autant plus de cocons obtenus que la graine offre moins d'œufs malades : ce résultat se trouve, il est vrai, plus ou moins modifié par les conditions d'éducation ; au surplus, il arrive que beaucoup de vers sains deviennent malades au voisinage de vers corpusculeux. En résumé, une chambrée atteinte originairement de flacherie, marche souvent très-bien jusque vers le milieu du cinquième âge ; mais, à partir de ce moment, la récolte est compromise en quelques jours jusqu'au dernier cocon pour ainsi dire. S'il s'agit d'une chambrée atteinte par la pébrine seule, l'éducateur s'attend de bonne heure à un insuccès ; il est averti par le mauvais aspect des vers dès les premiers âges : ici, la maladie s'annonce longtemps d'avance, elle suit une marche lente et progressive ; enfin, bien que les vers périssent en grand nombre, on obtient néanmoins fort souvent 5, 10, 20 kil. de cocons et même plus par once de graine. On trouvera de nombreux exemples confirmant toutes ces choses, soit dans les résultats dont j'ai rendu compte en 1869, soit dans ceux que j'ai indiqués dans les pages précédentes.

Quant à dire si les échecs causés par l'une des maladies sont plus nombreux que ceux causés par l'autre, c'est chose moins facile. Ce qu'il y a de vrai, c'est que, dans notre département, la flacherie fait de très-grands ravages depuis plusieurs années; mais la conclusion n'a rien d'absolu. puisque, jusqu'à présent, en quelque sorte, les éducateurs n'avaient pas distingué la flacherie de la pébrine. Ce que je puis affirmer aussi, c'est que, contrairement à l'opinion de quelques personnes, la pébrine sévit encore en l'état avec intensité; cette maladie existe toujours avec une grande profusion, et si l'on veut se donner la peine de regarder à l'œil nu, dans une éducation quelconque, les vers au milieu du cinquième âge, par exemple, il sera facile de compter un bon nombre de vers ayant les taches qui caractérisent l'affection. On doit conclure que, pour faire grainer, il faut s'assurer préalablement de l'absence de la disposition à la flacherie; on en jugera par l'état de vigueur des vers, car l'absence de mortalité ne suffit pas complétement pour établir l'état de santé. Quels que soient les soins employés à la sélection des papillons corpusculeux, si l'on n'a pas rempli d'abord la condition précédente avec une sévérité rigoureuse, on s'exposera à des échecs complets.

Quelques mots à propos de la conservation de la graine. Il faut, autant que possible, laisser la graine sur le linge, et ne la détacher que quelques semaines, par exemple, avant le moment de l'éclosion ; de cette manière, chaque œuf est entouré d'air où il peut puiser avec aisance tout l'oxygène dont il a besoin. La quantité d'oxygène consommée par la graine a été mise en évidence dans ces derniers temps par M. Duclaux, professeur à la faculté des sciences de Clermont-Ferrand. Si l'on a une certaine quantité de linges recouverts d'œufs, on peut les mettre en double sur des ficelles tendues horizontalement, et placées dans une caisse en toile métallique. Dans les cas où l'on détachera la graine de bonne heure afin de la transporter, il faudra la tenir sous une très-faible épaisseur (1/2 à 1 centimètre).

§ V.

Coup d'œil sur l'état de la sériciculture dans le département depuis quarante ans.

Je n'ai pas la prétention de placer ici une histoire complète du développement de la culture des vers à soie dans notre pays; je veux simplement rappeler quelques faits saillants. Ce n'est que depuis 1832 que les élevages ont pris de l'extension. Vers cette époque, le nombre des mûriers s'est accru considérablement d'année en année. De 1840 à 1848, la production des cocons a été énorme ; dans cette dernière année, elle fut même exorbitante. C'est vers 1852 que les éducations ont commencé à présenter des déchets résultant de l'apparition de la maladie ; en 1855, le mal augmenta et fit encore des progrès dans les années suivantes. Ce fut alors que l'on eut recours à un grand nombre de graines exotiques ; mais, à mesure que l'on multipliait la production des graines dans ces contrées éloignées, la maladie ne tardait pas à s'y montrer, en sorte que ces diverses régions n'aboutissaient qu'à nous alimenter pendant un temps fort limité.

C'est donc pendant une période d'environ 20 ans que les éducations ont été à la fois très-nombreuses et pleines de succès. Aussi, avec quelle activité ne s'occupait-on pas de planter l'arbre d'or, de dresser de grandes magnaneries et de les pourvoir d'appareils de ventilation et de calorification! Tous les hommes éclairés donnaient l'exemple d'une telle culture et poussaient à son extension. Pendant les années de prospérité, les cocons donnaient un rendement en soie qui était d'environ 1/12, tandis que, pendant la période de 1852 à 1858, on peut évaluer ce rendement à 1/16 environ pour les races du pays.

Pendant que, par l'organisation des grandes magnaneries, on travaillait à un rendement industriel fort brillant, on préparait en même temps les maladies qui devaient plus tard compromettre la sériciculture. Que se passait-il, en effet, dans ces magnaneries? Il y avait entassement des vers, la ventilation n'était pas toujours parfaite, et la température était plus d'une fois exagérée. A ce propos, on peut dire qu'on était tenté de chauffer trop, soit pour diminuer la durée de l'élevage, soit parce que la nécessité du feu, comme moyen de ventiler, a donné lieu quelquefois à des idées erronées, en ce sens qu'on a pu croire que les vers avaient besoin de vivre dans une pièce bien chaude. Ces magnaneries étaient parfaites, si l'on veut, comme ateliers produisant des cocons pour la filature ; mais, en prenant dans ces grandes chambrées les cocons pour perpétuer l'espèce, on vouait celle-ci à des maladies certaines. On pourrait dire cependant que de tels reproducteurs n'étaient pas si mauvais, puisqu'ils ont donné pendant vingt ans de bonnes graines. Il est facile de comprendre que l'insecte s'affaiblissait un peu chaque année, par suite des mauvaises conditions où il vivait; puis, à la fin de la période heureuse dont je parle, on avait pour résultat ce premier degré d'affaiblissement multiplié par vingt : c'est alors que la maladie s'est montrée. On a donc commis la faute très-grave de ne pas faire, outre l'élevage industriel, une petite éducation spéciale pour la reproduction. Personne n'ignore que, soit pour les hommes, soit pour les animaux, les grandes agglomérations amènent presque toujours des maladies, des épidémies. Il n'est point douteux que la pratique défectueuse que je viens de rappeler a été une des causes du fléau actuel. Les sériciculteurs ont depuis longtemps soutenu cette même idée, et il faut bien espérer que la leçon sera utilisée pour l'avenir. Ne peut-on pas toujours élever, à part de l'éducation industrielle, quelques grammes de graine qu'on place dans une pièce isolée de la magnanerie, dans une cuisine, par exemple? On dit même ordinairement qu'une cuisine est très-propice pour un élevage; cela n'a rien de bien étonnant, si l'on fait attention qu'une telle pièce est toujours bien ventilée.

Mais si l'élevage en grandes masses a contribué à amener le fléau, n'y a-t-il pas eu d'autres causes? Il est peu facile, on le sait, de saisir les conditions complexes qui ont déterminé une maladie. On peut demander si la nourriture et si les circonstances atmosphériques n'ont point leur part dans ces causes multiples. A l'égard du mûrier, on a dit qu'il était atteint de maladie; cependant les Naturalistes qui ont eu la mission d'étudier ce sujet, n'ont point trouvé l'arbre malade. Je crois très-bien que le mûrier n'a aucune maladie propre; mais il y a tout à côté de cela une question qui n'est pas vidée : la feuille d'un mûrier quelconque a-t-elle toujours les mêmes qualités? Renferme-t-elle toujours la même quantité de principes nutritifs? La digestion en est-elle toujours également facile? L'éducateur exercé, en se guidant sur l'apparence, pourra bien préférer telle feuille à telle autre, mais il n'y a en tout ceci rien de parfaitement défini. Au surplus, il serait bon de se rendre compte d'une manière complète s'il ne serait pas préférable de ne cueillir le même mûrier que tous les deux ans : il n'est pas prouvé que le dépouillement annuel, fait sans précautions, soit réellement sans inconvénient au bout d'un certain temps.

Relativement aux circonstances atmosphériques, on en est encore davantage réduit à des conjectures. Il semble, par exemple, que l'oïdium qui a frappé la vigne s'est montré après une succession d'années pluvieuses. Les conditions climatériques sont-elles entrées pour quelque chose dans le mal qui a atteint les vers à soie? Cela est possible. On pourrait même se demander si les germes de toute sorte qui se trouvent répandus dans l'atmosphère, n'ont pas été plus abondants à certaines périodes. Quoi qu'il en soit, il est du moins certain que, le mal existant, l'air d'une magnanerie où règne la maladie, entraîne avec lui des germes qui, plus d'une fois, sont portés sur un autre point, et qui vont ainsi propager l'épidémie.

Je suis heureux de pouvoir placer ici, sous forme de tableau, les résultats de seize années de grandes éducations faites à Voreppe, à la magnanerie de l'Ile-du-Pont. Dans ce document apparaîtra le moment précis de l'invasion de la maladie.

Educations faites à la magnanerie de l'Ile-du-Pont à Voreppe.

ANNÉES.	NOMBRE D'ONCES (33 gr. de graine par once).	POIDS TOTAL de la feuille consommée.	POIDS de la feuille rapporté à une ONCE.	POIDS TOTAL des cocons produits	RENDEMENT en cocons rapporté à une ONCE.	NOMBRE de cocons au kilogr.	PRIX du kilogr. de cocons	DATE de l'éclosion principale des vers.	OBSERVATIONS.
		Kilogr.	Kilogr.	Kilogr.	Kilogr.		Fr. c.		
1838	25 (environ)			1180	47			19 mai.	
1839	13 (environ)	10751	827	654	50			19 mai.	Les cocons pour le grainage de la maison sont pris dans la magnanerie.
1840	14 (environ)	12763	911	592	42			11 mai.	Les cocons produits ne servent pas au grainage.
1841	14 (environ)	12051	860	711	50		4 60	9 mai.	On emploie au grainage des cocons choisis dans la magnanerie.
1842	12 (environ)	11500	958	545	45		3 80	10 mai.	Idem.
1843	12 (environ)	12763	1063	772	64		4 25	29 avril	L'éducation a lieu avec des conditions atmosphériques telles, que la pluie est de chaque jour, pour ainsi dire. La feuille est consommée en plus grande quantité que les autres années; elle est du reste plus petite, plus aqueuse et de moins bonne qualité. — On ne garde pas de cocons pour le grainage.
1844	10 (poids très-exact)	11267	1126	643	64	422	4 95	8 mai.	On garde des cocons pour le grainage.
1845	10	10755	1075	581	58	422	5 30	18 mai	L'éducation est marquée par une période de pluie. On prend dans le produit les cocons pour le grainage.
1846	11 1/2	11714	1018	620	53.9	550	4 35	10 mai.	Eclosion lente. — On prend dans le produit les cocons pour le grainage.
1847	13 1/2	13911	1030	629	46	486	3 90	22 mai.	Eclosion remarquable. — On prend dans le produit les cocons pour le grainage.
1848									Cette année, on n'a pas fait d'éducation.
1849	17	14709	865	560	32.9	502	4 25	18 mai.	Il y a beaucoup de muscardins.
1850	22 1/2	23374	1038	1342	58	466	4 75	22 mai.	On ne prend pas dans le produit les cocons pour le grainage.
1851	24	20291	845	1039	43		4	13 mai.	
1852	24	15377	640	420	17.5	474	5 25	14 mai.	On met à l'incubation trois sortes de graines. L'éclosion est difficile. Après la 2e mue, on remarque dans deux lots des *vers très-inégaux*, des *vers petits*. La 4e mue se fait très-lentement. — 14 juin, on met en note que la feuille est, cette année, beaucoup plus nourrissante que d'habitude et qu'il en faut moins; — 18 juin, on craint un déchet de moitié, par suite des vers petits qui n'ont pas mangé.
1853	25	23629	945	812	32.5	478	4 55	17 mai.	On met à l'éclosion deux sortes de graines. Le 5 juin, au 2e réveil, on remarque des *vers petits*.
1854	23	19055	828	560	24		4 65	30 avril	L'éducation se compose de quatre graines différentes. Le 1er juin on note : il y a des *vers petits* en assez grande quantité; c'est, du reste, la *maladie* de l'année.

Toutes les observations consignées dans le tableau précédent sont extraites d'un registre de notes prises jour par jour, pendant les nombreuses éducations qui ont été faites à la magnanerie de l'Ile-du-Pont. Ici, le poids d'une once de graine est égal à 33 gr. Au surplus, à ce moment, on confectionnait dans chaque maison la graine qu'on voulait élever, si bien qu'une once de graine n'avait, comme valeur, que le prix de 500 gr. de cocons, soit 2 fr. 50 environ ; par suite, on mettait peu d'importance à connaître rigoureusement le poids de la graine mise à l'éclosion. Aussi on remarquera, pour les premières années surtout, que le poids de la graine est représenté par des chiffres qui, tout en étant suffisamment exacts, ne sont pas complétement rigoureux. On peut voir, au contraire, que le propriétaire avait porté toute son attention à comparer le poids des cocons obtenus au poids de la feuille consommée. Ce rapport est complété, du reste, par un compte exact des frais de l'éducation, ce qui permet d'établir le rendement de la propriété plantée de mûriers.

J'extrais encore des mêmes notes le tableau suivant, indiquant la quantité de feuille nécessaire pour chaque jour. On comprendra que ces chiffres ne sont pas l'expression absolue des poids de la feuille *consommée* jour par jour. Quand on élève 15 ou 20 onces de graine, on a nécessairement de la feuille cueillie à l'avance. Les nombres inscrits chaque jour correspondent aux quantités *cueillies*.

Poids de la feuille cueillie chaque jour,

Pendant l'éducation de 1847, qui se composait de 13 onces 1/2 de graine.

DATE.	POIDS de LA FEUILLE.	DATE.	POIDS de LA FEUILLE.
	kilog.		kilog.
23 mai.	5	7 juin.	281
24 —	11	8 —	633.5
25 —	27.5	9 —	443.5
26 —	2.5	10 —	770.5
27 —	15	11 —	588
28 —	37.5	12 —	529
29 —	40	13 —	458
30 —	82.5	14 —	831.5
31 —	87.5	15 —	1035
1 juin.	127.5	16 —	1161
2 —	163	17 —	1456
3 —	246	18 —	985
4 —	307	19 —	975
5 —	160	20 —	946
6 —	163	21 —	1343

Des résultats inscrits dans le premier tableau il découle ce qui suit: de 1838 à 1848, il y a eu chaque année un rendement qui n'était rien moins que très-satisfaisant. En 1849, la muscardine a abaissé le rendement. En 1850, résultat parfait. Mais en 1851 on entre dans une période de décroissance qui, peu marquée pour cette année, devient très-grande dans les années suivantes. On n'a rien noté cependant, à propos de l'éducation de 1851 ; néanmoins on peut croire que déjà il y a eu un déchet causé par la pébrine. Mais en 1852, la maladie existe, elle y est désignée nettement par l'observation des vers inégaux, des vers petits ; c'est bien là le caractère le plus frappant de la pébrine. Toutefois, on peut voir que les personnes habiles qui dirigeaient la magnanerie, n'ayant pas encore l'habitude de rencontrer des vers malades et ne mangeant pas, ont cru un moment que la feuille était beaucoup plus nourrissante et qu'il en fallait moins. Il y avait là une petite illusion: si les vers consommaient moins de feuille, c'était uniquement parce que beaucoup étaient pébrinés, avaient de l'inappétence et finissaient par rester dans les litières. En 1853, on note de nouveau que les vers restent petits. Enfin, en 1854, la maladie est de plus en plus remarquée. Pendant les quatre dernières années, la quantité de feuille consommée était plus faible ; cette diminution a commencé en 1851, nouvelle preuve que déjà, cette année, la maladie existait, mais à un degré encore faible, puisqu'on ne l'a pas mentionnée dans les notes. On voit donc que la maladie, à son début, n'est pas restée inaperçue devant l'observation sagace des personnes qui conduisaient la grande magnanerie pour laquelle j'ai résumé les faits saillants tirés des intéressantes notes qui ont été prises avec tant de soin pendant de si longues années. C'est donc depuis vingt ans que la pébrine fait de grands ravages dans les magnaneries de notre région séricicole.

Tandis que nos éducations étaient frappées de stérilité par l'apparition soudaine de la maladie, de toutes parts on faisait des efforts dans le but de la combattre. Ici, c'était un prétendu remède qu'on expérimentait ; ailleurs, les Sociétes d'agriculture et les Savants étudiaient, soit l'insecte, soit le mûrier ; mais un sujet aussi difficile, aussi ingrat, ne donnait souvent que des résultats inféconds ; aussi beaucoup de personnes se sont lassées de chercher et d'essayer. La maladie faisait toujours de grands ravages ; le propriétaire avait de grandes surfaces couvertes de mûriers et, par suite, improductives ; aussi beaucoup d'arbres ont-ils été arrachés. Cependant, de 1855 à 1860, des travaux importants furent faits en Italie ; en France d'abord, M. Guerin-Méneville avait, le premier, vu les corpuscules sur les vers. Plus tard, les savants italiens étudièrent les graines elles-mêmes et ne tardèrent pas à fonder un moyen de distinguer la bonne graine de la mauvaise, moyen basé sur la recherche des corpuscules dans les œufs examinés après incubation préalable ; cette méthode a rendu des services réels et conserve aujourd'hui toute sa valeur. Telle était la situation, lorsque M. Pasteur commença ses recherches en 1865. Le savant français ne tarda pas à remplacer l'examen des graines par l'examen des papillons producteurs ; tandis que l'étude des œufs exige une grande habitude du microscope, l'examen des papillons est remarquablement plus facile et, en l'effectuant avant la confection de la graine, on peut ainsi éviter la fabrication de la graine mauvaise. Mais jusque-là il n'avait été question partout que d'un mal unique, frappant les vers à soie, mal qui était habituellement désigné sous le nom de *pébrine*. C'est en 1867 que M. Pasteur a établi de la façon la plus nette que deux maladies bien distinctes sévissent en l'état sur les éducations. Ce fait capital a été ensuite complété en démontrant que les deux affections sont héréditaires. C'est sur ces quelques principes bien établis que repose tout le procédé de sélection qu'on emploie pour éloigner les élevages où règne, soit la pébrine, soit la flacherie.

En terminant ce compte-rendu, j'ajouterai que je me suis efforcé de montrer que le grainage par sélection microscopique pouvait être pratiqué par les éducateurs eux-mêmes. Que dans chaque localité les propriétaires les plus éclairés donnent donc l'exemple ! qu'ils se réunissent entre eux, et alors ils pourront, avec des frais bien minimes, se pourvoir d'un microscope qui leur sera commun ; ils pourront apprendre plus facilement le moyen de l'utiliser ; ils échangeront leurs propres observations, et si même des erreurs se glissent dans leurs essais, ils les reconnaîtront plus vite et sauront les éviter dans l'avenir. Par les expériences de tous, enfin, on obtiendra comme résultat la connaissance et la propagation de la vérité.

DEUXIÈME PARTIE

ÉDUCATIONS EXPÉRIMENTALES

FAITES EN 1871

D'APRÈS LE PROCÉDÉ PASTEUR.

§ I.

Résultats obtenus avec une graine saine.

Pour produire de la graine saine, il faut faire un élevage spécial avec quelques grammes de graine cellulaire exempte de pébrine et de flacherie : telles sont les conclusions de mon dernier compte-rendu. J'ai mis tous mes soins à faire cette année une éducation de ce genre ; je la retracerai plus loin dans toutes ses longueurs, car je pense que là est la bonne voie, et qu'en la suivant on retrouvera bien vite l'ancienne prospérité.

En 1870, on a élevé chez Mme Potié 3 gr. de graine cellulaire n° 19 (voir le tableau des éducations de 1870). Les vers n'ont pas présenté de morts-flats et se sont montrés vigoureux à la montée ; j'ai aussi étudié la poche stomacale de quinze chrysalides, et chaque fois il y a eu absence du ferment en chapelets de grains ; d'après cela, je n'avais pas à redouter la flacherie héréditaire. J'ai fait de la graine cellulaire avec 500 gr. de cocons de cette provenance, et, après examen des papillons, j'ai réuni la graine des toiles qui correspondaient à des papillons privés de corpuscules. Les résultats obtenus avec cette graine sont inscrits dans le tableau donné ci-après. Je prie les personnes qui désirent suivre d'une manière effective les observations relatées dans ces pages, de vouloir bien se reporter à ce qui a été publié précédemment, pour rechercher l'origine des graines qui sont désignées sous des lettres et des numéros.

On ne perdra pas de vue qu'une race peut devenir malade après une seule génération, en sorte que deux propriétaires pourront élever une année la même graine, sortie du même sac, et obtenir tous deux un grand produit. Mais, tandis que l'une des éducations sera très-bonne pour grainage, il pourra se faire que l'autre soit très-défectueuse, ce dont on peut toujours s'assurer par les moyens indiqués. Les deux propriétaires feront grainer chacun de leur côté, et tandis que l'un obtiendra des succès l'année suivante, l'autre n'aura que des échecs, toutes choses faciles à prévoir à l'avance. Et cependant l'esprit public confondra tout cela, au point qu'on regardera la graine produite par les deux propriétaires comme étant la même, ce qui est une grande erreur.

En résumé, un examen fait *chaque année*, tant au point de vue de la flacherie que de celui de la pébrine, assigne une valeur déterminée à *la chambrée* qui est l'objet de l'essai. Mais s'il y a eu cent autres éducations faites avec la même graine, il faudra répéter pour chacune d'elles les investigations dont il s'agit, et apprécier ce qu'elles valent une à une comme grainage. Le tableau qui va suivre montre suffisamment que l'éducation I, n° 19, d'où la graine a été tirée, était dans les conditions voulues pour produire une graine saine. Eh bien, un des autres élevages inscrits en 1870, sous le lot n° 19, a servi à confectionner environ dix onces de graine, et de ces dix onces pas une n'a réussi ; il y a eu échec sur toute la ligne. J'ai tout lieu de croire que cette dernière graine était atteinte de flacherie.

Lot n° 19 provenant de l'éducation I.

DÉSIGNATION des ÉDUCATIONS.	POIDS de LA GRAINE.	PRODUITS en COCONS.	*OBSERVATIONS.*
	gram.	kil.	
AA	3	6	Cette éducation a été faite chez Mme Polié, à Grenoble.
BB	3	4.500	
CC	3	2.300	Elevage de M. Volmat, à Voreppe. — Ces vers ont vécu à côté d'autres vers provenant d'une once de graine corpusculeuse dont l'échec a été complet.
DD	3	»	Les vers ont été dévorés par des fourmis; les quelques rares qui ont échappé se sont très-bien comportés et ont produit de beaux cocons.
EE	5	»	L'incubation a eu lieu en portant sur soi la boîte de graines; la défectuosité de ce moyen a fait périr d'asphyxie les jeunes vers au moment de leur éclosion.
GG	3	0.300	Elevage fait à Voreppe chez M. Jean Cottel. — Les vers se sont bien comportés jusqu'au moment de la montée où ils n'ont pu filer; ils ont péri par la flacherie. Ici encore, les vers étaient dans un local où avait lieu une éducation plus importante faite avec une autre graine: on ne leur a pas donné l'espacement désirable.
HH	3	5	Education de M. Louis Cottel, à Voreppe.
II	2	3.200	Education faite dans le bâtiment du Jardin des Plantes de Grenoble.
LL	3.50	7.060	Cet élevage, que j'ai fait moi-même, est retracé plus loin dans toute son étendue.

Les résultats qui précèdent ne laissent aucun doute sur la bonne qualité de la graine. Quand il y a eu échec, la faute en a été à l'éducateur. Il est à regretter qu'on ne donne pas toujours tous les soins possibles à ces petits élevages. Si l'on fait en même temps une éducation industrielle, le petit lot vit en communauté avec l'autre: erreur très-grave qui est mise en évidence par les résultats inscrits dans les tableaux des éducations de 1870 et 1871. C'est par les soins de M. Seguin, doyen de la Faculté des sciences de Grenoble et aujourd'hui recteur de l'Académie de Besançon, qu'on a pu faire au Jardin-des-Plantes l'élevage désigné par les lettres II. En résumé, les rendements obtenus avec cette graine jugée saine, montrent encore une fois qu'on peut retirer de grands produits; ils montrent aussi qu'on doit faire les élevages avec beaucoup de soin, dans le but de diminuer les échecs accidentels.

§ II.

Le grainage au microscope effectué par les propriétaires.

Tous les efforts doivent tendre à faire produire des graines saines par les propriétaires, qui examineraient eux-mêmes au microscope les papillons producteurs. Je ne saurais mieux démontrer ce point qu'en donnant le résultat obtenu par un propriétaire qui a fait un grainage cellulaire dont il a étudié lui-même tous les papillons. Je suis très-heureux de pouvoir apporter un document de ce genre; je désire que les imitateurs soient bientôt en grand nombre, et j'espère que ce qui contribuera le plus à faire entrer les sériciculteurs dans cette voie féconde, c'est l'exemple que leur donne une personne aussi compétente et aussi autorisée que M. Bravet, propriétaire et maire à Chapareillan. C'est sur ma demande que M. Bravet a bien voulu me donner le fruit de ses observations. Je le prie de recevoir à ce sujet l'expression de toute ma reconnaissance.

Voici la lettre qu'il m'a adressée :

« Monsieur Sirand,

» Vous désirez connaître le résultat de mon éducation de vers à soie en 1871, provenant de graines faites par moi au microscope, suivant le système de M. Pasteur; je m'empresse de vous satisfaire et je saisis cette occasion pour vous remercier de vos conseils : en quelques minutes, vous m'avez appris à me servir du microscope et à reconnaître les corpuscules. Au mois de juin 1870, j'achetai 3 kilogrammes de cocons venant de la Savoie, dans le but d'en faire de la graine; il y avait un kilogramme de cocons jaunes, race de pays, et deux kilogrammes de cocons blancs, également race de pays. Ils me furent fournis par M. Xavier André, sériciculteur à Chapareillan, lequel s'efforce chaque année, au moment des éducations, de découvrir quelque parti sain, ce qui devient de jour en jour plus difficile à cause des progrès de la maladie. Je me procurai de plus, toujours dans le but de faire de la graine, un kilogramme de cocons jaunes achetés chez M. Pertuis, propriétaire à Chapareillan, qui depuis de nombreuses années obtient, avec diverses graines, des réussites exceptionnelles, bien qu'il soit entouré d'éducations ne réussissant pas et qu'il soit placé par conséquent près d'un foyer d'infection. Les cocons *Pertuis* étaient fort jolis et provenaient d'une bonne réussite; néanmoins je pensais bien qu'ils devaient être malades à un certain degré; mais je tenais à savoir quel serait, dans ce cas, le résultat de la sélection.

» J'ai fait grainer ces trois qualités de cocons dans la même pièce; j'ai emplòyé le système cellulaire; chaque femelle a donc eu un linge particulier et, après la ponte, a été piquée à ce linge; j'ai négligé complétement les mâles. L'examen de chaque femelle a eu lieu tout entier dans le mois de juillet; il a été rapide, parce que j'avais pour me seconder ma femme et ma belle-sœur. J'examinais par jour de trente à cinquante femelles, ce qui est beaucoup, car, vous le savez mieux que moi, l'usage du microscope est fatigant. Le résultat a été celui-ci:

» Les jaunes André (1 kilogr.) ont eu un quart de femelles corpusculeuses et m'ont donné 52 gr. de graine saine.

» Les blancs André (2 kilogr.) ont eu un tiers de femelles corpusculeuses et m'ont produit 80 gr. de graine saine.

» Enfin, les jaunes Pertuis (1 kilogr.) ont eu une bonne moitié de femelles malades et n'ont produit que 27 gr. de graine provenant de femelles non corpusculeuses.

» M. André avait vendu par petites fractions de 1 kilogr. et même d'un demi-kilogramme, à un grand nombre de personnes du pays et des environs, des cocons jaunes et blancs qui étaient exactement les mêmes que ceux qu'il m'avait vendus pour ma graine. Lorsque mon travail microscopique a été terminé, j'ai dit à plusieurs de mes amis à Chapareillan : « Si le système de M. Pasteur est vrai, si » les corpuscules sont réellement l'indice de la maladie, » de tous les nombreux éducateurs qui ont acheté des » cocons pour graine chez M. André, aucun ne réussira. » Suivant les soins donnés, quelques-uns pourront avoir » un quart, un tiers ou une demi-récolte, mais aucune » réussite ne sera complète. Pourtant, moi qui ai de la » graine faite avec les mêmes cocons, je dois réussir, » parce que j'ai fait la sélection. » Je recommandai aux personnes auxquelles je fis part de ce pronostic, de ne point l'ébruiter, mais de bien le noter pour s'en souvenir l'année suivante. Je dis de ne point l'ébruiter, car enfin je n'étais sûr de rien, c'était mon premier examen. Je ne voulais ni décourager les éducateurs ni porter préjudice à M. André. Eh bien, Monsieur, mes prévisions se sont réalisées à la lettre. En 1869, quelques éducateurs, et j'étais du nombre, ayant acheté des cocons pour graine chez M. André, réussirent parfaitement en 1870 ; c'est ce qui a fait qu'en 1870 un bien plus grand nombre se sont adressés à lui pour la graine à élever en 1871 ; c'est du reste avec raison, puisqu'il fait des efforts intelligents pour procurer des cocons sains. Mais de tous les éducateurs qui, en 1870, ont acheté de M. André les mêmes cocons que ceux que j'ai examinés, aucun d'eux n'a réussi. Quelques-uns, en petit nombre, ont eu un quart, un tiers de récolte, la plupart ont échoué complétement et M. André le premier. Et pourtant, il y avait possibilité de faire avec ces mêmes cocons de la graine excellente. Vous allez en juger :

» J'ai mis à l'éclosion la graine pondue par les femelles reconnues non corpusculeuses, savoir :

» 52 gr. provenant de cocons jaunes André ;
» 40 gr. provenant de cocons blancs André ;
» 27 gr. provenant de cocons jaunes Pertuis.

» Les poids indiqués ci-dessus sont parfaitement exacts; le pesage a eu lieu en présence de plusieurs personnes et a été vérifié plusieurs fois.

» L'éducation a marché parfaitement. Je ferai observer pourtant que les vers à cocons jaunes André, où l'on n'avait écarté au grainage qu'un quart de femelles corpusculeuses, ont toujours été supérieurs à ceux de l'espèce à cocons blancs où l'on avait élagué un tiers de femelles malades; enfin, ces vers à cocons blancs ont été eux-mêmes plus beaux que ceux de la race Pertuis, dont on a rejeté la moitié des femelles comme corpusculeuses. Vers la fin de l'éducation, ces derniers ont donné des signes évidents de flacherie, et j'en ai jeté quelques-uns. Bref, les 119 gr. mis à l'éclosion ont produit 220 kil. de cocons magnifiques, soit 110 livres par once faible de 30 gr. Le résultat aurait certainement été plus beau si je n'avais eu que de la graine provenant de cocons jaunes André. Je n'ai pas noté le résultat de ceux-ci séparément, parce que les trois qualités ont été élevées dans le même local, et il est possible qu'il y ait eu quelque mélange entre les deux sortes de jaunes.

» J'avais partagé la graine obtenue des cocons blancs avec ma belle-sœur, Mme veuve Fossorier, qui habite Meylan: les 40 grammes de graine lui ont produit 70 kilogr. de cocons; c'est à peu près le même rendement que chez moi.

» Je vais à présent vous parler des graines pondues par les femelles corpusculeuses. Je n'ai utilisé ni la graine des cocons blancs, ni celle des cocons jaunes Pertuis; mais j'ai trouvé à placer la graine pondue par les femelles malades sorties des cocons jaunes André, c'est-à-dire provenant de l'espèce la moins malade: le rendement a été d'une demi-récolte environ.

» Tel est, Monsieur, le résultat de ma première année d'études microscopiques. Comme vous le voyez, je n'ai pas à me repentir d'avoir employé ce nouveau procédé de grainage. Cette année, j'ai continué à le mettre en pratique, mais je ne suis point satisfait du résultat de mon examen: de plusieurs partis que j'ai fait grainer, un seul est sain et encore c'est le plus faible; les autres étaient si mauvais, que je n'ai pas jugé à propos de faire la sélection, car l'expérience de l'an passé m'a démontré que lorsque le nombre des femelles corpusculeuses est trop considérable dans un parti, on est exposé à ne pas réussir, même après la sélection.

» Ma réussite a fait du bruit dans le pays ; beaucoup de personnes m'ont apporté quelques femelles des partis qu'elles faisaient grainer ; je les ai trouvées presque toutes corpusculeuses et même très-corpusculeuses. Sur vingt provenances environ venant de lieux très-éloignés, je n'en ai trouvé que trois bonnes. Cela m'inspire de sérieuses craintes pour la récolte de 1872.

» Mon exemple n'a pas eu encore beaucoup d'imitateurs; néanmoins, après avoir suivi mon éducation de cette année et en avoir vu le résultat, M. Séraphin Uchet, de Chapareillan, a fait l'emplette d'un microscope. Je lui ai rendu le même service que vous m'aviez rendu vous-même. En quelques minutes, je lui ai montré la manière de se servir de l'instrument, et lui ai fait découvrir les corpuscules. Il a fait grainer par la méthode cellulaire des cocons de plusieurs provenances, mais, comme moi, il n'est pas satisfait du résultat.

» Veuillez, Monsieur, agréer l'assurance de ma considération distinguée.

» BRAVET.

» Chapareillan, le 10 novembre 1871. »

§ III.

Sur la manière d'élever quelques grammes de graine pure, en vue de la reproduction.

Je retrace dans toute son étendue l'élevage dont le résultat est inscrit au tableau précédent sous les lettres LL (graine n° 19) ; il pourra, je pense, servir de type aux personnes intéressées. En commençant cette petite éducation, je me suis promis de conduire les vers avec les règles suivantes: les tenir très-espacés, leur donner un air renouvelé, ne pas les hâter, soit en exagérant la température, soit en multipliant le nombre des repas; conséquemment, faire durer l'éducation le plus de temps possible, dans le but d'obtenir une bonne assimilation de la nourriture et la formation de bons tissus, de façon à mettre l'organisme entier dans des conditions de force et de solidité; enfin, écarter jour par jour les vers qui paraissent défectueux à un degré quelconque. Cela posé, voici comment les choses se sont passées :

Poids de la graine, 3 gr. 50 centigr. La mise à l'incubation a eu lieu le 13 avril ; pendant cette période, la température maximum a été de 18 à 20 degrés Réaumur. L'éclosion a eu lieu les 25, 26 et 27 avril ; les vers éclos pendant ces trois jours ont formé trois catégories différentes, et je n'ai pas cherché dans le cours de l'éducation à retarder les uns ou à hâter les autres dans le but de les égaliser ; ils ont formé jusqu'à la fin trois lots séparés que j'ai conduits lentement, ainsi que je l'ai déjà dit. Dès le premier âge, on donne les feuilles entières. La première mue a lieu le 1er mai (je parle ici des vers qui font partie du premier jour d'éclosion). On attend ensuite qu'ils soient à peu près tous réveillés pour leur donner le premier repas ; on les délite, et les retardataires passent à la catégorie composée de l'éclosion du deuxième jour. Je compose une quatrième catégorie de vers avec les retardataires et les vers défectueux pris dans toute l'éducation. On verra que c'est dans cette catégorie, que j'appellerai Z, que se trouveront en grande partie les vers morts dans le cours de l'éducation.

6 mai. — 15 vers vivants sont enlevés comme petits ou retardataires, ils sont broyés par séries de 5 ou 6, et soumis au microscope : dans tous les cas il y a absence de corpuscules.

7 mai. — Les vers font leur deuxième sommeil.

9 mai. — Dans la catégorie Z, un ver mort. A partir de la deuxième mue, la nourriture est donnée, non pas à l'état de feuilles détachées, mais à l'état de petits rameaux, et le

même système est continué jusqu'à la fin, avec la différence qu'à mesure que les vers grossissent, on donne des rameaux de plus en plus volumineux.

14 mai. — Les vers font leur troisième mue.

18 mai. — Les vers vont tous très-bien, leur allure est vigoureuse et bien attestée au moment des repas ; ils sont bien blancs *et très-durs au toucher*. Dans les intervalles des repas, les vers sont ordinairement immobiles ; beaucoup se dressent sur les rameaux : cette attitude est favorable à leur santé, ils s'isolent les uns des autres, ils s'isolent de la litière : la transpiration et l'aération sont donc facilitées.

19 mai. — Jusqu'à ce jour, il y a eu en tout 3 ou 4 vers morts ; aujourd'hui, un mort-flat (aucun organisme dans le tube digestif.)

22 mai. — Les vers font leur quatrième sommeil.

23 mai. — Dans la catégorie Z, je trouve deux morts-flats : la matière alimentaire renfermée dans le tube digestif forme un boudin très-dur ; dans l'un des cas il y a quelques vibrions ; dans l'autre cas, point de vibrions.

24 mai. — Les vers sont sortis de leur mue et font leur premier repas le 24 au matin. Au second et au troisième repas de ce jour, l'appétit est tellement grand, qu'on peut dire qu'ils dévorent.

28 mai. — La vigueur est parfaite ; dans les litières, il n'y a pas de morts. Les vers n'ont reçu que trois repas dans les vingt-quatre heures, pendant toute la durée de l'élevage. Au cinquième âge, le nombre des repas est toujours de trois, mais, à la fin de chaque distribution, on jette encore quelques feuilles sur les points dégarnis ; du reste, on ne donne jamais de repas trop copieux, si bien qu'au bout de deux heures toute la feuille est absorbée.

31 mai. — Quatre vers sont mis à la bruyère, ils montent avec une célérité bien remarquable.

1er juin. — Les vers montent avec une grande vigueur. Cette montée, qui ne laisse rien à désirer, s'opère cependant avec des conditions atmosphériques qui ne sont pas favorables, puisque le vent du midi souffle, et que la hauteur barométrique (réduite à zéro) est de 0m,7382. A Grenoble, la hauteur moyenne (à zéro) est de 0m,7420.

2 juin. — La montée continue sans cesser d'être admirable : les vers sont souples et agiles ; le plus souvent, en partant du pied de la bruyère, ils montent sans se reposer jusque vers la partie supérieure, et cela en moins de deux minutes. L'état atmosphérique n'est pas meilleur : vent du midi, pluie ; hauteur barométrique : 0m,7364. Pendant la montée, les vers rejettent d'abord des matières solides vertes, composées de feuille non digérée ; c'est environ douze heures plus tard qu'ils rejettent des matières liquides : les vers en santé se vident parfaitement. Pendant la montée, la transpiration et les déjections des vers rendent l'air très-humide ; aussi l'usage d'aérer et de faire des feux clairs est-il parfaitement indiqué pendant cette période ; par cette pratique, on doit probablement aussi faciliter la solidification de la soie à la sortie de la filière. On a relevé, le 1er juin, un ver mort, et aujourd'hui un second : ils sont jaunes, ce sont deux *vers gras*.

3 juin. — La montée continue comme les jours précédents. Même état atmosphérique : pluie ; hauteur barométrique (à zéro) 0m,7356. Un ou deux jours après la montée, il se développe une odeur désagréable, nauséeuse.

4 juin. — La montée se termine pour l'éducation de choix ; la durée de cette éducation a été de trente-huit jours. Il reste encore tous les vers de la catégorie Z. Les 3 et 4 juin, on a un peu chauffé la pièce en raison de la basse température et de l'humidité de l'air extérieur. Je répète qu'il ne faut donner aux vers à la bruyère, ni un air trop froid, ni un air trop humide.

5 juin. — Les vers retardataires ou défectueux, désignés sous la lettre Z, commencent à monter, mais beaucoup ont une allure lente. Les 6, 7, 8, 9, 10 juin, ces vers continuent à monter avec peu de vigueur ; je trouve deux morts-flats.

13 juin. — On dérame l'élevage de choix, on trouve un seul ver mort (ver desséché). Le produit est de 6 kil. 560

de cocons, tous très-durs et très-beaux ; il faut 520 cocons pour peser 1 kil. Quatorze cocons pèsent 22g.,86 ; leur partie soyeuse pèse 3 g.,22, ce qui fait 14,28 °/₀ de matière soyeuse brute.

19 juin. — Les cocons de la partie Z sont enlevés de la bruyère : il y a 4 morts-flats au pied de la bruyère ; les cocons pèsent 500 gr., parmi lesquels se trouvent des cocons imparfaits ; j'ouvre les 7 plus mauvais, ils renferment tous des vers morts.

Après cet exposé, il ressort qu'il y a nécessité de séparer, jour par jour, les vers retardataires ou défectueux ; sans doute, parmi ceux qu'on met de côté, il s'en trouve de fort bons, mais il n'y a pas d'inconvénient à être trop sévère en pareil cas. Pour compléter ce qui précède, il faut noter que, pendant la durée de l'éducation, les délitements ont été pratiqués avec fréquence.

Il résulte que, dans l'élevage de choix dont il s'agit, il y a eu absence rigoureuse de morts-flats, et que les vers ont été pleins d'agilité et de vigueur. Au point de vue de la reproduction, de tels cocons sont donc parfaitement exempts de flacherie ; ils sont tout aussi exempts de pébrine : j'ai examiné 240 papillons et pas un ne s'est montré corpusculeux. Tous ces cocons ont, du reste, été livrés au grainage.

Le tableau suivant, tout incomplet qu'il est, fait connaître les températures de la pièce qui a servi à l'éducation précédente :

Education LL, température de la magnanerie, au thermomètre Réaumur.

DATE.	Température le matin.	Température à midi.	Température le soir.	DATE.	Température le matin.	Température à midi.	Température le soir.
30 avril	»	16	»	26 mai.	»	18.5	17.5
3 mai.	14	»	17	27 —	15.5	»	17.5
4 —	»	»	17	28 —	16.5	17	»
5 —	»	17	16	29 —	15	»	17
6 —	13.5	»	16	30 —	16.5	»	18
8 —	14	17	17	31 —	16	19	»
9 —	14	»	»	1 juin.	»	19.5	»
10 —	15	»	16	2 —	18.5	18	18
11 —	15	»	»	3 —	17	»	17
12 —	15	»	»	4 —	16	»	16.5
16 —	15	17	17	5 —	14	»	»
17 —	14.5	17	17	6 —	14.5	16.5	»
18 —	14.5	15.5	»	7 —	14	15.5	15.5
19 —	15	16.5	16	8 —	15	»	15
21 —	14	17	17	9 —	15	15	15
22 —	15	17.5	16.5	10 —	14	15.5	»
23 —	»	17.5	17	11 —	13.5	»	16
24 —	15.5	18.5	17.5	12 —	15	17.5	17
25 —	15	18.5	17.5	13 —	17	»	»

§ IV.

L'éducation pour grainage doit être isolée le plus possible des grandes éducations.

Pour obtenir des cocons dont les papillons soient de bons reproducteurs, ce n'est pas assez de partir d'une graine dont tous les œufs sont sains, il faut aussi que, pendant l'éducation, les maladies ne surviennent pas par le manque de soins hygiéniques, ou par l'infection des magnaneries placées sous le même toit ou à une distance plus ou moins rapprochée. Evitez principalement l'entassement des vers, placez votre élevage pour graine le plus loin possible des éducations industrielles; ne confiez pas aux mêmes mains le travail de la magnanerie industrielle et celui du lot privilégié, toujours dans le but d'écarter la contagion. Je me bornerai maintenant à citer quelques exemples.

1° En 1870, on éleva, à Voreppe, chez M. Volmat, 15 grammes de graine n° 8 et 20 gr. de graine n° 19, toutes deux complétement privées de corpuscules; le rendement a été excellent (voir le tableau de l'année dernière); mais, soit qu'on n'ait pas donné assez d'espace aux vers, ou pour tout autre écart des règles de l'hygiène, soit que l'air ait apporté des germes de maladie, il est arrivé que les papillons sortis des cocons produits étaient à peu près tous corpusculeux pour les deux sortes de graines; il est arrivé aussi, dans les deux cas, que les chrysalides ont le plus souvent montré le ferment de la flacherie.

2° En 1870, 3 gr. de la même graine n° 19 furent élevés à Grenoble par Mme Potié. Les conditions étaient tout autres : on n'élevait absolument que les vers provenant des trois grammes, ils avaient en abondance de l'air et de l'espace, et l'isolement de toute autre éducation était complet; aussi les cocons se sont-ils conservés sains, tant sous le rapport de la pébrine que sous celui de la flacherie; c'est du reste l'éducation qui a fourni la graine pour les élevages de 1871, relatés dans le premier paragraphe.

3° En 1870, l'éducation P n° 41, faite avec de la graine exempte de corpuscules, a produit des cocons dont tous les papillons étaient corpusculeux. Ce lot a été élevé avec d'autres graines et d'une manière industrielle, c'est-à-dire sans aucun des soins particuliers indiqués pour un lot destiné à la reproduction.

4° Elevage BB n° 19, en 1871. — C'est dans une grande pièce que cette éducation est faite; elle se compose de 3 gr. de graine rigoureusement privée de corpuscules. Dans la même pièce et à quelques mètres de distance, on conduit une autre éducation de 13 gr. d'une graine industrielle que je désignerai par la lettre Y. La même main conduit les deux espèces de vers. D'autre part, l'isolement de toute magnanerie était complet. La graine Y avait été pondue par des papillons que j'ai soumis au microscope le 29 mars 1871 ; l'examen a porté sur 24 papillons :

16 n'ont pas montré de corpuscules.
3 ont montré des corpuscules en très-petit nombre.
5 ont montré des corpuscules très-nombreux.

A la même date, la graine elle-même m'a fourni l'examen suivant :

Quatre essais faits chaque fois avec 6 graines, n'ont pas montré de corpuscules.

Quatre essais faits chaque fois avec 10 graines, n'ont pas montré de corpuscules.

Deux essais faits chaque fois avec 10 graines, ont montré deux corpuscules par champ.

La graine Y fournit un rendement en cocons qui est satisfaisant, et l'élevage BB n° 19 fournit aussi un très-bon rendement. Voici maintenant l'examen microscopique des papillons sortis de chacun de ces lots :

Papillons provenant de l'éducation faite en 1871 avec la graine Y. — Sur 20 papillons :

6 ne montrent pas de corpuscules.

8 montrent des corpuscules en petit nombre (3, 5, 10, 20 corpuscules par champ).

6 montrent des corpuscules très-nombreux (200 et 500 corpuscules par champ).

Papillons provenant de l'éducation BB faite en 1871 avec la graine cellulaire n° 19. — Les papillons sont examinés par groupe de deux ; il résulte que :

6 groupes de deux papillons ne montrent point de corpuscules.

8 groupes de deux papillons montrent des corpuscules en petit nombre (3, 5, 20, 30 corpuscules par champ).

De ce qui précède, il ressort que l'éducation BB a été infectée par le voisinage des vers du lot Y qui étaient corpusculeux. On remarquera que les sujets devenus corpusculeux dans l'élevage BB ne montrent encore qu'un nombre restreint de corpuscules : l'infection est à son début, et la production parasitaire n'a pas eu le temps de se multiplier beaucoup. En appliquant cette même considération, on peut croire que, dans les papillons Y de l'éducation de 1871, les 6 papillons très-corpusculeux pourraient provenir de vers renfermant des corpuscules à l'éclosion, ou les ayant gagnés par contagion au début de l'éducation ; les 8 papillons peu corpusculeux proviendraient de vers non corpusculeux à la naissance, mais ayant contracté la maladie au voisinage des malades à un âge avancé.

5° Enfin, *la même graine n° 19*, qui, dans l'éducation BB, a gagné des corpuscules par contagion, a fourni ailleurs des cocons dont les papillons n'ont point montré de corpuscules, je veux parler de l'éducation LL, dont les vers ont été entourés de toutes les conditions hygiéniques et tenus éloignés de toute influence de contagion. J'ai examiné 210 papillons sortis des cocons produits par l'éducation LL : sur ce nombre, il n'y en a pas eu un seul de corpusculeux.

De tels résultats entraînent comme conséquence que les vers élevés pour la reproduction doivent être tenus à l'écart de toute autre éducation, et doivent être conduits tout autrement que ceux des éducations industrielles. Il suffira de jeter les yeux sur ce qui précède, pour être convaincu de la réalité de ces principes.

§ V.

Elevage d'une graine cellulaire exempte de pébrine et disposée à la flacherie.

L'éducation A du lot n° 8 (voir le tableau de 1870), se trouvait dans les conditions ci-après : le rendement en cocons était considérable, les vers s'étaient montrés vigoureux, *suivant l'appréciation de la personne qui avait fait l'élevage;* je n'avais pas jugé par moi-même de cet aspect. Je soumis au microscope la matière contenue dans la poche stomacale d'un certain nombre de chrysalides, afin de déterminer la valeur des cocons à l'égard de la flacherie héréditaire. Le résultat a été le suivant :

1. Deux chrysalides examinées ensemble (examen d'une parcelle de la poche stomacale) : nombreux chapelets de grains.
2. Deux chrysalides examinées ensemble : nombreux chapelets de grains.
3. *Idem : idem.*
4. *Idem :* chapelets de grains.
5. *Idem : idem.*
6. *Idem : idem.*
7. *Idem :* pas de chapelets de grains.
8. Une chrysalide morte de flacherie (cocon fondu).

Le même essai microscopique a montré en même temps des corpuscules dans la matière de l'estomac : sur les sept examens précédents, six fois il y a eu des corpuscules. De plus, ce contenu de la poche stomacale présentait à l'œil un mauvais aspect; c'est ainsi que, dans tous les cas ci-dessus, la couleur était verte (d'un vert de pus), quelquefois elle était un peu rose, plusieurs fois noire, alors que chez les chrysalides saines cette couleur est le plus souvent d'un beau rouge-cerise et parfois d'un vert de chlorophylle; je reviendrai plus loin sur ces caractères. A titre d'expérimentation, je fis un peu de graine cellulaire avec de tels cocons. Les papillons n'avaient pas un air vigoureux, ils pondaient peu et avec lenteur; certaines toiles n'avaient encore point de graine après vingt-quatre heures. J'ai passé au microscope les deux papillons renfermés dans chaque cornet, et sur 90 couples je n'en ai trouvé que 8 qui fussent privés de corpuscules. J'ai ensuite élevé 2 gr. de cette graine pure de corpuscules; elle s'est comportée ainsi qu'il suit : l'éclosion a été remarquablement facile, elle a eu lieu les 29 et 30 avril.

7 mai. — Première mue.

15 mai. — Deuxième mue.

17 mai. — Pas de morts-flats dans les litières jusqu'à ce jour ; une dizaine de vers ont été enlevés comme petits ; ils ne renfermaient pas de corpuscules.

23 mai. — Troisième mue.

26 mai. — On relève un ver mort.

27 mai. — Un mort-flat.

31 mai. — Quatrième mue.

1er juin. — Un mort-flat.

4 juin. — A ce jour l'appétit est bon ; il a été médiocre les deux jours précédents.

5 et 6 juin. — L'appétit augmente.

7 juin. — Les vers ont une bonne allure.

9 juin. — Dans le courant de cette éducation, j'ai également mis de côté les vers petits ou retardataires. Ils n'étaient pas très-nombreux, du reste. J'appellerai X cette catégorie : dans celle-ci, deux morts-flats.

10 juin. — Tous les vers sont moins vigoureux, moins *durs au toucher* que les vers n° 19 dont j'ai retracé l'éducation dans le paragraphe III. Un mort-flat dans les vers X.

11 juin. — Un mort-flat dans les vers X.

12 juin. — Deux morts-flats. Les vers sont plus durs au toucher que les jours précédents.

13 juin. — Les vers sont délités ; leur aspect est très-beau.

14 juin. — Quelques vers montent avec vigueur ; ils restent durs quoique prêts à filer. La hauteur du baromètre (réduite à zéro) est 0^{m},7422.

15 juin. — La montée s'opère pour la plus grande partie des vers. Le vent du midi souffle. Le baromètre est à 0^{m},7399.

Je trouve dans les cages quatre morts-flats : ils sont durs et montrent vers le cou une teinte d'un bleu-noir. Il y a des vers qui travaillent activement, mais d'autres sont moins vigoureux. Le soir, on peut juger que le nombre des morts-flats va augmenter.

16 juin. — Le nombre des morts-flats s'accroît ; tous les vers qui n'ont pas monté sont peu vigoureux ; parmi ceux qui sont à la bruyère, il y en a de malades. Certains vers sont immobiles au pied de la bruyère, d'autres ne filent point, d'autres encore, et c'est le cas ordinaire pour les plus malades, ont, vers les anneaux antérieurs, une couleur d'un bleu-noir qui est un indice de flacherie, indice même précieux. Deux vers morts-flats ont des taches de pébrine. J'ouvre deux flats encore vivants : la quantité de feuille accumulée dans le tube digestif est énorme ; vers l'anus, c'est un amas dur ; j'examine le contenu au microscope : dans un cas, il n'y a pas d'organisme ; dans l'autre cas, il n'y a pas de vibrions, mais il existe quelques chapelets de deux grains. Un mort-flat a la tête énorme. Un autre flat bien vivant, à couleur noire près de la tête, montre des vibrions ; quelques autres morts-flats ont des taches de pébrine ; plusieurs vers restés petits ont la teinte rose qui caractérise encore assez souvent la flacherie. Chez les vers malades, l'immobilité au pied de la bruyère et la lenteur dans la progression sont d'une évidence fort remarquable. Le nombre total des morts-flats pendant la montée a été de 41. La durée de l'éducation a été de quarante-huit jours.

Il n'y a pas lieu de douter que ces vers étaient originairement affaiblis ; toutefois, à force de soins, ils ont pu arriver au dernier terme ; mais à ce moment les fonctions digestives sont entravées et ils ne peuvent filer leur soie. Il y avait affaiblissement par hérédité, d'où il est résulté un mauvais fonctionnement du tube digestif. Cependant, il est incontestable qu'environ 50 p. 100 de ces vers sont agiles et pleins de santé ; comment les séparer rigoureusement, comment les choisir papillon par papillon ?

23 juin. — On dérame la partie principale : 18 morts-flats à la bruyère et un muscardin.

27 juin. — On dérame la partie X, formée des vers retardataires : quinze morts-flats à la bruyère.

Le produit total en cocons s'élève à 3 kil. 950 gr. ; il faut 590 cocons pour peser un kilogramme. Quatorze cocons pèsent 22 gr. 61 centigr., leur partie soyeuse pèse 2 gr. 57 centigr., soit 11,36 p. 100 de matière soyeuse brute. Si on ne considérait que le rendement, on serait tout disposé à faire de la graine aussi bien avec les cocons de ce lot n° 8 qu'avec ceux de l'éducation LL n° 19, et cependant la différence est bien grande comme santé ! On peut noter aussi qu'à la deuxième mue, j'avais remis à une personne quelques-uns de mes vers n° 8 ; ils ont coconné, mais en présentant encore des morts-flats. Il resterait à établir néanmoins un point bien intéressant : si, dans cette éducation n° 8, on choisissait comme reproducteurs les vers les plus vigoureux ; si, pendant une ou deux générations, on élevait cette race avec grand soin et en élaguant toujours les sujets mauvais, ne pourrait-on point arriver à une race pleine de force et de santé ?

Le 5 juin, les vers étaient à la grande frèze ; j'ai prélevé le matin six vers que j'ai placés par deux dans trois casiers différents ; les uns ont été soumis à un jeûne de 48 heures, les seconds à un jeûne de 72 heures, les troisièmes à un jeûne de 96 heures. Le 7 juin au matin, la première catégorie reçoit de la feuille, elle est mangée ; ensuite le 8, puis le 9 juin, les vers des deux autres cellules reçoivent de la feuille qui est très-bien mangée. Tous ces vers ont ensuite reçu trois repas par jour ; ils ont tous fait de beaux cocons. Cette expérience montre assez que les vers peuvent être conduits lentement et qu'il ne faut pas leur donner la nourriture en excès. Je dirai même que *les vers destinés à la reproduction ne doivent jamais être hâtés.*

Le tableau suivant, tout incomplet qu'il est, fait connaître les températures de la pièce qui a servi à l'éducation précédente :

Education avec la graine n° 8. — Température de la magnanerie au thermomètre Réaumur.

DATE.	Température le matin.	Température à midi.	Température le soir.	DATE.	Température le matin.	Température à midi.	Température le soir.
30 avril	»	»	15	26 mai.	15.5	16.5	16
1er mai	13	»	»	27 —	15.5	»	15
3 —	12	»	15	28 —	15.5	15	»
4 —	»	»	15	29 —	15	»	15.5
5 —	»	15	14	30 —	16	»	17
6 —	12	»	14.5	31 —	17	17.5	»
8 —	13	15	15	2 juin.	17	16.5	»
9 —	13	»	»	3 —	14	»	14.5
10 —	14	»	14	4 —	14	»	14
11 —	14	»	»	5 —	14	14	14
12 —	13	»	»	6 —	12	14	»
16 —	15	15.5	»	7 —	13	14	14
17 —	14.5	15	14.5	8 —	13	»	13.5
18 —	14	14	»	9 —	13	14	14
19 —	13	14.5	14	10 —	13	13	»
21 —	13.5	15	15	11 —	12.5	»	14.5
22 —	14.5	15.5	15	12 —	14	15.5	15
23 —	»	16	15	13 —	15	»	16
24 —	15	16.5	16	14 —	»	17	»
25 —	15.5	16.5	16.5	15 —	17	17.5	»

§ VI.

Résultat obtenu avec une graine corpusculeuse, élevée industriellement.

Bien qu'il soit parfaitement établi que les graines très-corpusculeuses ne donnent que de mauvais résultats, on trouvera une nouvelle confirmation de ce principe dans l'observation suivante :

Dans le tableau des éducations de 1870, figure au lot n° 8 l'éducation A, dont le produit a été fort grand. Malgré ce rendement, les cocons étaient impropres à la reproduction, car les papillons se sont montrés tous ou presque tous corpusculeux. Il est arrivé dans ce cas que la graine n° 8, exempte de corpuscules à l'éclosion, a contracté la pébrine pendant l'élevage de 1870. Afin de juger plus complétement du degré de maladie, j'ai fait, le 3 avril 1871, l'examen microscopique de la graine pondue en 1870 par les papillons de l'éducation A ; j'ai obtenu ce qui suit :

Un groupe de six graines a montré des corpuscules nombreux ;

Quatre groupes de six graines ont montré chaque fois un corpuscule par champ ;

Deux groupes de trois graines ont montré chaque fois un corpuscule par champ ;

Trois groupes de trois graines ont montré chaque fois quatre corpuscules par champ ;

Cinq groupes de trois graines n'ont pas montré de corpuscule.

Sur cet essai microscopique, j'ai alors porté le jugement suivant, dont j'ait fait part à la personne intéressée : toute cette graine ne donnera que des échecs, qui seront dus à la pébrine. La graine fut élevée néanmoins ; elle eut le résultat prévu. Tout a péri de la pébrine entre la 3e et la 4e mue.

§ VII.

Différence d'aspect de la poche stomacale dans les chrysalides entachées de flacherie et dans les chrysalides en santé. — Des cocons doubles.

J'ai insisté plusieurs fois sur la nécessité impérieuse d'observer la vigueur des vers qu'on destine à la reproduction : c'est le meilleur *criterium* à l'égard de la flacherie héréditaire. Il est bon néanmoins de connaître tels autres caractères qu'on peut utiliser dans le même but. J'ai déjà cité quelques exemples au sujet des chapelets de grains qu'on peut rencontrer au microscope, quand on est très-exercé à cette recherche. J'ai dit quelques mots aussi à l'égard des cocons *fondus*. J'appelle maintenant l'attention sur l'aspect du contenu de la poche stomacale des chrysalides ; il s'agit ici d'un simple coup d'œil : l'application de ce moyen est donc très-facile, il suffit d'un peu d'habitude. L'ouvrage de M. Pasteur renferme toutes les indications nécessaires pour ce genre d'observations. J'arrive maintenant à ce que j'ai noté ; je regrette toutefois de n'avoir à citer qu'un petit nombre d'exemples sur les bonnes chrysalides. Il y aurait donc lieu de compléter l'état que je donne ci-dessous et de le préciser davantage en faisant de nouveaux rapprochements entre les chrysalides saines et les chrysalides malades, observées à divers âges.

On peut regarder en principe que, dans les chrysalides saines, le contenu de la poche stomacale offre les caractères suivants : le volume est petit, la matière est de nature très-résineuse et ressemble à un vernis ; la consistance varie avec l'âge : liquide dans les premiers jours, la matière devient de plus en plus solide par la suite ; la couleur est d'un rouge-cerise ; elle est plus rarement d'une teinte verte de chlorophylle ; cette dernière couleur doit être rare si la chrysalide a un certain âge.

Les chrysalides d'un lot atteint de flacherie ont au contraire une poche stomacale assez volumineuse, pendant les dix premiers jours, par exemple ; le contenu est peu ou point résineux ; la couleur pourra être : rose pâle, vert-olive, vert de pus, café au lait, chocolat, noire, etc.

En conséquence, dans un lot exempt de flacherie, la majorité des cocons présenteront les premiers caractères. Il faut noter que l'habitude seule peut montrer ce qu'on entend par poche volumineuse ou poche petite ; au surplus, ce volume diminue à mesure qu'on s'éloigne du moment de la montée.

Lots exempts de flacherie.

Education I, *n° 19, faite en 1870.* — Huit ou dix jours s'étaient écoulés depuis la montée, lorsque j'ai ouvert les chrysalides. Sur quinze cocons, dix fois la poche montre un vernis de couleur cerise tendre, et cinq fois elle montre une couleur de chlorophylle.

Education LL, *n° 19, faite en 1871.* — La montée avait eu lieu les 2 et 3 juin. C'est le 18 juin que j'ai fait l'observation qui suit : douze chrysalides montrent une poche stomacale d'un volume très-petit; le contenu est d'une consistance presque solide, d'un aspect très-résineux, d'une teinte rouge-sanguin ou rouge-cerise. Deux autres chrysalides offrent les caractères précédents, mais la teinte est cerise tendre. Une autre chrysalide offre une poche dont la couleur est moins franche, c'est une teinte légèrement verte, légèrement purulente (j'emploie cette expression pour préciser l'aspect).

Lots atteints de flacherie.

Education Q, *n° 11, faite en 1870.* — L'observation a porté sur vingt chrysalides dont

4	ont présenté une	poche d'une	teinte de	rouge foncé.
2	*idem*	*idem*	*idem*	rose.
7	*idem*	*idem*	*idem*	de pus.
2	*idem*	*idem*	*idem*	de café.
2	*idem*	*idem*	*idem*	de chocolat.
3	*idem*	*idem*	*idem*	noire.

La matière n'était point résineuse ou l'était très-peu.

Education n° 8, faite en 1871 et décrite au paragraphe V. — J'ai examiné les cocons X produits par les vers retardataires; la montée a eu lieu le 18 juin. Le 27 juin, je fais une première observation qui montre ce qui suit :

1	chrysal. avec poche petite,	couleur	rouge foncé.
1	*idem*	volumineuse,	rose.
2	*idem*	*idem*	rouge-cerise.
1	*idem*	*idem*	de chlorophylle.
6	*idem*	*idem*	de pus.
3	*idem*	*idem*	noire.

Le 3 juillet, j'examine à nouveau les chrysalides du même lot; je trouve :

3	chrys. avec poche petite,	couleur	rouge vif.
2	*idem*	*idem*	de rouge très-foncé.
1	*idem*	*idem*	de chlorophylle.
2	*idem*	*idem*	de vert olive ou de vert de bile.
2	*idem*	*idem*	de pus.
1	*idem*	*idem*	de pus (la matière est dure).

Le 6 juillet, le même lot me fournit encore les observations suivantes :

3	chrysalides avec poche petite,			de couleur rouge vif.
2	*idem*,	*idem*,	assez volumineuse,	de couleur de sang noir.
2	*idem*,	*idem*,	*idem*,	de couleur de cerise noire.
1	*idem*,	*idem*,	*idem*,	de couleur de chlorophylle.
1	*idem*,	*idem*,	*idem*,	de couleur de pus.
5	*idem*,	*idem*,	*idem*,	de couleur de café au lait foncé (matière liquide).
1	*idem*,	*idem*,	*idem*,	de couleur noirâtre.

Il semble qu'à un moment de la vie des chrysalides malades, on rencontre principalement la couleur de vert foncé ou de pus, et que plus tard c'est la couleur noirâtre qui domine. Plusieurs papillons éclos des mêmes cocons sont dépourvus de duvet sur une certaine étendue du dos et des ailes; celles-ci sont quelquefois recoquillées et offrent une teinte jaunâtre ; ces papillons, du reste, meurent rapidement. Les observations dans cette voie sont à continuer et à compléter.

Cocons doubles.

L'usage est de rejeter du grainage les cocons doubles. Quelques personnes, au contraire, croient que ce sont les meilleurs cocons pour graine. Cette opinion ne me paraît pas fondée si j'en juge par l'expérience qui suit : au mois de juillet dernier, un poids de cocons de 4 kil. 500 provenant de l'élevage LL, ont été mis en grainage sans séparer les doubles qui, du reste, n'ont pas été comptés. A la fin, il est resté en cocons non percés : 80 doubles, et seulement 13 cocons simples. Ces derniers renfermaient 8 papillons dont 5 étaient vivants et en mauvais état ; il y avait deux vers desséchés et 3 fondus. Je donne ces indications sur les cocons simples non percés, pour montrer une fois encore qu'une chambrée exempte de flacherie fournit peu de cocons qui n'éclosent pas et peu de fondus. D'après ce qui précède, je pense que c'est une erreur d'employer au grainage les cocons doubles. J'ai aussi enfermé séparément 10 cocons doubles dans autant de cornets de papier percés de trous : 5 cocons ont été percés et 5 ne l'ont pas été. Relativement aux sexes des insectes qui entrent dans les cocons doubles, j'ai vu ce qui suit : sur 14 cocons :

2 ne renfermaient que des insectes mâles.
5 ne renfermaient que des insectes femelles.
7 renfermaient un mâle et une femelle.

§ VIII.

Si la maladie des vers à soie se retirait, on devrait plus que jamais appliquer le procédé de sélection de M. Pasteur.

On a pu voir, dans le cours de cette publication, que j'ai cherché à faire prévaloir cette idée qu'il faut, autant que possible, que les éducateurs fassent eux-mêmes leur grainage. Dans notre département, quelques propriétaires ont déjà employé le microscope à cet objet ; et M. Bravet, par exemple, a fait élever, cette année, avec un plein succès, 5 onces de graine cellulaire dont tous les papillons producteurs ont été étudiés par lui-même. Dans ce travail, c'est un millier de papillons qui ont été passés successivement au microscope. On jugera par là qu'il serait possible à beaucoup de propriétaires de mettre en pratique les indications que j'ai données en parlant des éducations de 1870, paragraphe IV. Pour chaque maison, il suffirait habituellement de faire quelques grammes de graine cellulaire, et, en même temps, 2, 4, 8, 10 onces de graine en bloc. Dans ce cas, il suffirait aussi pour chaque éleveur de soumettre au microscope 50 papillons : la chose est donc possible.

Mais beaucoup de propriétaires tiennent le raisonnement suivant : « La maladie des pommes de terre a disparu spontanément, celle de la vigne aussi ; il est naturel de croire qu'il en sera de même pour la maladie des vers à soie : il faut attendre....., la prospérité reviendra. » Je le veux bien, je désire vivement que cela arrive bientôt, mais je ne vois rien qui indique la cessation prochaine du fléau. J'ai encore vu, dans ces deux dernières années, combien d'éducations avaient été frappées, soit par la flacherie, soit par la pébrine. J'ai vu des graines exemptes de corpuscules qui, élevées industriellement, ont fourni, après une seule génération, des papillons tous corpusculeux. Qu'on regarde au cinquième âge les vers d'une éducation quelconque, on verra par un simple coup d'œil que beaucoup d'entre eux ont des taches de pébrine, et que la maladie ne s'est point retirée.

Néanmoins, on peut supposer qu'à un moment donné, la maladie s'atténuera et disparaîtra plus ou moins complétement. Qu'arrivera-t-il à ce moment ? Une fièvre générale s'emparera de tous les propriétaires, la sériciculture sera plus que jamais en honneur, les plantations de mûriers recommenceront de nouveau, les grandes magnaneries et les grandes éducations seront à l'ordre du jour ; car de toutes parts on dira que la maladie a disparu et que la récolte des cocons est assurée. Mais si, méprisant l'enseignement du passé, on accumule les vers dans un espace limité, si l'on se préoccupe seulement du côté industriel consistant à produire des cocons à peu de frais, il y a lieu de prévoir que la nouvelle prospérité reconquise ne sera pas durable et que les mêmes fléaux reparaîtront.

Si l'on veut parer à ce danger, il faudra, le plus loin possible des magnaneries industrielles, faire, comme dans les années de maladie, un élevage spécial entouré de bonnes conditions hygiéniques et sélectionné rigoureusement à l'œil et au microscope ; c'est dans ce lot qu'on prendra les reproducteurs ; et, dans ce cas, s'il y a seulement un papillon corpusculeux sur 100, on pourra l'élaguer si on y prend peine ; autrement, d'année en année, le nombre des papillons corpusculeux augmenterait. Indépendamment des soins tout particuliers affectés à ce petit lot, on évitera aussi que les magnaneries industrielles ne deviennent des foyers de maladie par l'entassement des vers. Bien que dans ce cas l'économie fasse partie de la règle à suivre, bien que les vers de cette catégorie ne puissent recevoir les mêmes soins que ceux du lot privilégié, il faut, tout en les élevant seulement pour leur soie, ne pas les accumuler, ne pas laisser des litières humides, et avoir soin de ventiler largement, sans pour cela leur faire subir une température élevée.

Alors, les magnaneries industrielles produiront beaucoup de cocons pour la soie, alors aussi les élevages spéciaux fourniront de bons reproducteurs, et l'on pourra, pour ainsi dire, sans crainte envisager les longues années de l'avenir.

§ IX.

Nécessité de créer des stations séricicoles dans chaque département où l'on fait l'élève du ver à soie.

Après toutes les considérations que j'ai données sur la manière de produire la graine saine, on comprendra que, si l'on veut appliquer le procédé scientifique dans chaque maison en quelque sorte, la chose sera impossible si chacun agit isolément. On ne peut cependant que désirer le retour au grainage domestique, ou du moins au grainage très-limité, et dirigé d'après les connaissances scientifiques du moment; car, on le sait, la fabrication industrielle de la graine conduit fort souvent à des résultats imparfaits. De là l'idée naturelle de grouper les propriétaires d'une même commune, et l'idée de créer pour un certain rayon une *station séricicole* qui aura la mission : 1° de fournir à chacun la première semence, bonne pour les élevages de reproduction ; 2° de donner toutes les connaissances pratiques dont l'utilité est acquise. Mais comment organiser une pareille chose? Je pense que c'est à l'initiative des propriétaires qu'il faut demander les mesures propres à défendre leurs intérêts privés et propres à transformer leurs magnaneries, plus ou moins abandonnées, en des chambrées aussi brillantes que productives. Si, chaque année, tous les éleveurs réunis voulaient donner 0 fr. 10 c. pour chaque kilog. de cocons qu'ils produisent dans leurs éducations industrielles, il est évident qu'on réaliserait ainsi assez de ressources pour établir le nombre des stations nécessaires à chaque région, nombre qui serait proportionné, du reste, à la plus ou moins grande production du département. Une ou deux stations pourraient suffire pour certains départements; pour d'autres, il en faudrait davantage. Les propriétaires d'une même localité pourraient se grouper, et acheter en commun un microscope, qui suffirait facilement à vingt d'entre eux, ce qui entraînerait pour chacun une dépense d'environ 5 francs. Ils iraient alors demander, à la station de leur région, la première bonne semence pour les élevages destinés à la reproduction ; ils apprendraient aussi à la même station le moyen pratique de faire usage du microscope, et enfin, ils acquerraient là encore toutes les données pratiques nécessaires à leur industrie.

Cela posé, voici quelle serait l'organisation d'une station séricicole. La station est ouverte au public pendant l'année entière. Elle a à pourvoir au travail suivant : élever 15 grammes de graine pure, en vue de reproduction ; donner à cet élevage des soins tout spéciaux, et en faire le guide le plus parfait et le plus propre à être placé sous les yeux des praticiens. Pendant l'éducation, les propriétaires pourront visiter l'établissement et recevoir les renseignements pratiques qu'ils désireront. Les cocons seront ensuite livrés au grainage : nouvelle occasion de mettre sous les yeux des intéressés tous les détails de cette opération bien faite. De plus, soit pendant la durée de l'éducation, soit préférablement pendant le reste de l'année, tout éducateur pourra se présenter à la station et recevoir une leçon pratique sur l'emploi du microscope pour l'étude des papillons : cette chose est accessible à toutes les intelligences, du moment qu'elle est présentée de cette manière. Enfin, la station pourra produire facilement 60 onces de graine pure avec son propre élevage, ce qui permettra de distribuer gratuitement à un millier d'éducateurs 2 grammes de graine pour éducation spéciale destinée à la reproduction. L'élevage bien fait de ce lot de 2 grammes pourra produire 4 kilog. de cocons, qui donneront alors 10 onces de graine pour l'année suivante, ce qui ferait 10,000 onces de graine, si les mille propriétaires obtenaient tous le même succès. Mais un tel résultat ne sera certainement pas atteint : chez les uns, le lot échouera ; chez d'autres, il y aura un produit, mais celui-ci sera atteint, soit de flacherie, soit de pébrine, et ne pourra fournir que de la mauvaise graine. Il en résulte, qu'après avoir une première fois alimenté tous les éleveurs avec de la bonne graine, il y aura lieu chaque année d'en donner de nouveau à ceux qui auront perdu la bonne semence, par le fait de conditions dépendantes ou indépendantes des moyens d'élevage employés. Ainsi, le travail de l'établissement séricicole rendrait chaque année de nouveaux services ; peut-être, au début, n'y aurait-il qu'un petit nombre de propriétaires utilisant le moyen et devenant eux-mêmes des praticiens éclairés ; mais si chacun d'eux obtenait des résultats satisfaisants, nul doute que beaucoup les imiteraient, surtout quand ils auraient dans leur région une source où ils pourraient puiser à volonté, d'une part, les connaissances indispensables, et d'autre part, la première bonne semence.

Les diverses stations échangeront entre elles leurs observations recueillies dans l'année. Elles se tiendront aussi au courant des découvertes du jour, intéressant la sériciculture. Que ces établissements fonctionnent, je suppose, pendant une période de prospérité qui sera plus ou moins longue, puis qu'il survienne ensuite un fléau, et alors, au premier moment de son apparition en un point, il sera signalé par plusieurs stations ; s'il s'agit d'une maladie ancienne, telle que la muscardine, la pébrine, la flacherie, etc., on indiquera aux propriétaires quels sont les moyens connus qu'on peut lui opposer ; s'il s'agit, au contraire, d'une maladie inconnue jusqu'à ce jour, grâce encore aux stations, on sera averti dès le début, et on provoquera des travaux de la part des hommes spéciaux.

J'en ai dit assez pour faire voir qu'une organisation semblable veillerait à tous les instants, en temps d'épidémie comme en temps de prospérité, sur le sort des éducations. On aurait ainsi à chaque époque la situation vraie du moment. Néanmoins, certaines conditions sont indispensables pour que le but soit réellement atteint : il faut que les opérations des stations soient remplies avec capacité et d'une manière irréprochable.

NOTA. — A la date du 31 août 1871, Monsieur le Préfet de l'Isère m'a fait l'honneur de m'adresser un exemplaire de l'ouvrage de M. Pasteur, avec la lettre d'envoi qui suit : « Monsieur le Ministre de l'agriculture vient de m'adresser une publication destinée à vulgariser, parmi les sériciculteurs, les découvertes les plus récentes de la science, et à les initier aux procédés nouvellement établis par elle, pour la régénération de nos races de vers à soie. J'ai l'honneur de vous transmettre un exemplaire de cette publication, en vous priant de vouloir bien aider l'administration à propager les connaissances qu'elle contient. » — Le 15 septembre 1871, j'ai écrit à Monsieur le Préfet pour le remercier, et je lui ai exposé tout l'avantage qu'il y aurait pour nos éducateurs à créer une *Station Séricicole* dans le département de l'Isère. Dans ma lettre, j'ai donné sur cette création les mêmes idées et les mêmes développements que j'ai reproduits dans les dernières pages de la présente brochure.

P. SIRAND.

Afin d'éclairer les observations relatives au présent Mémoire, le Lecteur peut consulter les documents sur la séricicul ture déjà publiés par le même auteur : ils ont paru dans les numéros suivants du journal agricole le *Sud-Est* :

1° Numéro de juillet 1868.
2° Numéro de janvier 1869.
3° Numéro de février 1869.
4° Numéro d'août 1869.
5° Numéro de janvier 1870.
6° Numéro de mai-juin 1870.
7° Numéro d'août 1870.

TABLE DES MATIÈRES.

FIN.

www.ingramcontent.com/pod-product-compliance
Ingram Content Group UK Ltd.
Pitfield, Milton Keynes, MK11 3LW, UK
UKHW020955180726
13838UKWH00003B/1342

9 782329 46074